ギリシャ文字

大文字	小文字	読み方	大文字	小文字	読み方
A	α	アルファ	N	ν	ニュー
B	β	ベータ	Ξ	ξ	クシー
Γ	γ	ガンマ	O	o	オミクロン
Δ	δ	デルタ	Π	π	パイ
E	ϵ, ε	イプシロン	P	ρ, ϱ	ロー
Z	ζ	ゼータ	Σ	σ	シグマ
H	η	イータ	T	τ	タウ
Θ	θ, ϑ	シータ	Υ	υ	ウプシロン
I	ι	イオタ	Φ	ϕ, φ	ファイ
K	κ	カッパ	X	χ	カイ
Λ	λ	ラムダ	Ψ	ψ	プサイ
M	μ	ミュー	Ω	ω	オメガ

コア講義
微分積分

礒島 伸・桂 利行・間下克哉・安田和弘 著

裳華房

CALCULUS

by

SHIN ISOJIMA
TOSHIYUKI KATSURA
KATSUYA MASHIMO
KAZUHIRO YASUDA

SHOKABO

TOKYO

JCOPY 〈出版者著作権管理機構 委託出版物〉

はじめに

　本書は，微分積分学の教科書である．理工系学部・学科においては，初年次に「微分積分学」，「線形代数学」を，1年次後期または2年次以降に「微分方程式」，「複素関数論」，「ベクトル解析」などを学んで専門教育のための数学的基礎を確立するといった履修モデルとなっていることが多い．本書はそのような履修モデルの一部として微分積分学を学ぶ学生を想定して執筆したものである．

　理工系学部に入学してくる学生の多くは，高等学校で数学IIIまでを学んで微分積分学の知識を身につけているであろう．その知識を仮定して「微分積分学」の教科書を執筆することも可能であろうが，微分積分学の基礎である「極限」の概念から始めて，高等学校で学ぶ内容についてもできる限り記述するよう心がけた．したがって，大学入学時に微分積分学を学んでいない，あるいは苦手意識を持つといった学生が，本書で微分積分学を1から学ぶことも可能である．

　微分積分学を厳密に構築するためには実数および極限についての精密な議論が必要となる．本書は，完全に厳密な記述を目指したものではないので実数の構成や厳密な意味での極限の定義（ε-δ論法と呼ばれる方法）は割愛した．その代わりとして，第1章で「単調で有界な数列は収束する」という定理を述べそれに基づいて自然対数の底の存在の証明も与えておいた．通常必要となる範囲では，このような方法で，厳密な議論が行えるのである．

　第1章「極限」では高等学校で学んだ極限より厳密な議論を行っており，この章は少し難しく感じる読者も少なくないと考えられるが，そのような読者は第1章の完全な理解を目指さずに，第2章に進んでもよい．

第2章と第3章の大半は高等学校で学んだ内容と重複する部分も少なくないが，テイラーの定理や様々な積分法など初めて学ぶ内容も随所に現れるのでしっかりと学んでいただきたいと思う．

　第4章以降は大半の学生にとって，大学で初めて学ぶ内容である．高等学校で学ぶ微積分は変数が1つの関数を扱うが，ここでは変数が2つの関数を扱う（変数が3つ以上の関数も同様に扱える）．1変数関数のグラフは平面上の曲線であったが，2変数関数のグラフは空間内の曲面である．第4章以降の理解を深めるためには空間図形のイメージを持つことが重要である．空間内の曲面を平面に描いた図は，少し複雑なものになると，一見しただけでは，その図が表すことが理解できないことも少なくない．必要に応じて図を挿入してあるが，図だけでなく数式も吟味して総合的に理解することが必要である．

　本書の執筆において，法政大学理工学部で兼任講師として講義を担当する諸先生から有益なご指摘をいただきました．また（株）裳華房編集部の亀井祐樹氏，久米大郎氏にも大変お世話になりました．心から御礼を申し上げます．

　平成28年8月

　　　　　　　　　　　　　　　礒島　伸　　桂　利行
　　　　　　　　　　　　　　　間下克哉　　安田和弘

目　次

第 1 章　極　　限
- 1.1　数列の極限 ……………………………………………………… 1
- 1.2　関数の極限と連続関数 ………………………………………… 8

第 2 章　微 分 法
- 2.1　導 関 数 ………………………………………………………… 17
- 2.2　逆関数の微分法 ………………………………………………… 24
- 2.3　様々な微分法 …………………………………………………… 31
- 2.4　平均値の定理とその応用 ……………………………………… 36
- 2.5　テイラーの定理 ………………………………………………… 43
- 2.6　テイラー級数 …………………………………………………… 49
- 2.7　テイラーの定理の応用 ………………………………………… 55

第 3 章　積 分 法
- 3.1　不定積分 ………………………………………………………… 64
- 3.2　有理関数の不定積分 …………………………………………… 71
- 3.3　定 積 分 ………………………………………………………… 76
- 3.4　三角関数を含む式の積分 ……………………………………… 84
- 3.5　広義積分 ………………………………………………………… 90

第 4 章　偏 微 分
- 4.1　多変数関数 ……………………………………………………… 97
- 4.2　偏 微 分 ………………………………………………………… 103

4.3 合成関数の導関数 …………………………………………… 110
 4.4 2変数関数の極値 ……………………………………………… 116
 4.5 陰 関 数 ………………………………………………………… 121

第5章 重 積 分

 5.1 長方形領域における2重積分 ……………………………… 128
 5.2 一般の閉領域における2重積分 …………………………… 134
 5.3 変数変換 ………………………………………………………… 139
 5.4 曲線の長さ ……………………………………………………… 148
 5.5 面 積 …………………………………………………………… 153
 5.6 体積と曲面積 …………………………………………………… 158

補遺　式と曲線 …………………………………………………………… 166
演習問題の解答 …………………………………………………………… 173
索　　引 …………………………………………………………………… 213

Chapter 1 極限

1.1 数列の極限

1.1.1 実数

自然数全体の集合を N で表し，整数全体の集合を Z で表す．
$$N = \{1, 2, \cdots, n, \cdots\},$$
$$Z = \{\cdots, -n, \cdots, -1, 0, 1, 2, \cdots, n, \cdots\}$$
である．また，実数全体の集合を R で表す．

a, b を実数 $(a < b)$ とするとき，次のような R の部分集合を**区間**と呼ぶ．
(1) $(a, b) = \{x \in R \mid a < x < b\}$.　　(2) $[a, b) = \{x \in R \mid a \leq x < b\}$.
(3) $(a, b] = \{x \in R \mid a < x \leq b\}$.　　(4) $[a, b] = \{x \in R \mid a \leq x \leq b\}$.
とくに (a, b) を**開区間**，$[a, b]$ を**閉区間**という*．

数の概念を拡張してどんな実数よりも大きい数があると考える．それを**無限大**と呼び ∞ と書く．また，どんな実数よりも小さい数があると考えて，それを**負の無限大**と呼び $-\infty$ と書く．そうすると $x \geq a$ をみたす実数全体の集合は $[a, \infty)$，$x \leq a$ をみたす実数全体の集合を $(-\infty, a]$ と書くこともできる．$(-\infty, a)$，(a, ∞) や $(-\infty, \infty)$ も同様に定義される．ただし，$-\infty$

---

* ≦ (または ≧) を本書では，≤ (または ≥) と書く．

も ∞ も，広い意味で数と考えたものであって実数ではないから $x \geq a$ をみたす実数全体の集合を $[a, \infty]$ と書くのは誤りである．$[-\infty, a)$, $[-\infty, \infty]$ も同様である．

A を実数 $\boldsymbol{R}$ の部分集合とする．A のどの元よりも大きい（または小さい）実数が存在するとき，A は**上に有界**（または**下に有界**）であるという．A が上にも下にも有界であるとき，A は**有界**であるという．区間 A が有界であるとき，A を**有界な区間**という．

例 1.1 (1) $A = (1, 3]$ のすべての元は，例えば 4 より小さく，-1 より大きい．したがって，A は有界な区間である．
(2) $B = (-5, \infty)$ のすべての元は，例えば -10 より大きいから B は下に有界である．一方，∞ はどんな実数よりも大きいから，この区間は上に有界ではない．
(3) $C = (-2, 1) \cup \{2\} \cup [3, 6]$ のすべての元は，例えば 7 より小さく，-3 より大きいから，集合 C は有界である．◆

1.1.2 数列の極限

数列 $\{a_n\}$ の項 a_n が，不等式
$$a_1 \leq a_2 \leq \cdots \leq a_n \leq a_{n+1} \leq \cdots$$
をみたすとき $\{a_n\}$ は**単調増加数列**（または**単調非減少数列**）であるといい
$$a_1 \geq a_2 \geq \cdots \geq a_n \geq a_{n+1} \geq \cdots$$
をみたすとき $\{a_n\}$ は**単調減少数列**（または**単調非増加数列**）であるという．単調増加数列と単調減少数列を総称して**単調数列**という．

数列 $\{a_n\}$ のすべての項 a_n に対して，$a_n \leq K$ となる実数 K が存在するとき $\{a_n\}$ は**上に有界**であるといい，$a_n \geq K$ となる実数 K が存在するとき $\{a_n\}$ は**下に有界**であるという．上に有界かつ下に有界な数列を**有界数列**という．

例 1.2 (1) 数列 $a_n = \dfrac{1}{n^2}$ は上および下に有界な単調減少数列である．
(2) 数列 $a_n = n^2$ は下に有界な単調増加数列である．

(3) 数列 $a_n = \dfrac{(-1)^n}{n}$ は上および下に有界な数列であるが，単調数列ではない． ◆

n が限りなく大きくなるとき，a_n がある実数 α に限りなく近づくならば数列 $\{a_n\}$ は α に**収束する**という．また，α を数列 $\{a_n\}$ の**極限値**といい

$$\lim_{n\to\infty} a_n = \alpha$$

と書く．n が限りなく大きくなるとき，a_n も限りなく大きくなるならば数列 $\{a_n\}$ は正の無限大に**発散する**といって

$$\lim_{n\to\infty} a_n = \infty$$

と書く．n が限りなく大きくなるとき，a_n が限りなく小さくなるならば数列 $\{a_n\}$ は負の無限大に発散するといって

$$\lim_{n\to\infty} a_n = -\infty$$

と書く．

例 1.3 (1) $\displaystyle\lim_{n\to\infty} \dfrac{1}{n} = 0$ である．

(2) $\displaystyle\lim_{n\to\infty} n^2 = \infty$ である．

(3) $\displaystyle\lim_{n\to\infty} (-1)^n n^3$ は存在しない． ◆

極限値の基本的な性質をまとめておく．

定理 1.1 数列 $\{a_n\}, \{b_n\}$ の極限値が $\displaystyle\lim_{n\to\infty} a_n = \alpha$, $\displaystyle\lim_{n\to\infty} b_n = \beta$ (α, β は実数) であるとき次が成り立つ．
(1) $\displaystyle\lim_{n\to\infty} k a_n = k\alpha$．（$k$ は実数）
(2) $\displaystyle\lim_{n\to\infty} (a_n \pm b_n) = \alpha \pm \beta$．（複号同順）
(3) $\displaystyle\lim_{n\to\infty} a_n b_n = \alpha\beta$．

(4) $\beta \neq 0$ のとき $\displaystyle\lim_{n\to\infty} \frac{a_n}{b_n} = \frac{\alpha}{\beta}$.

(5) すべての n に対して $a_n \leq b_n$ ならば $\alpha \leq \beta$ である.

(6) (**はさみうちの原理**) すべての n に対して $a_n \leq c_n \leq b_n$ で, $\displaystyle\lim_{n\to\infty} a_n = \lim_{n\to\infty} b_n = \alpha$ ならば $\displaystyle\lim_{n\to\infty} c_n = \alpha$ である.

次の定理は実数全体の集合 $\boldsymbol{R}$ の重要な性質を表すものである. 証明は, 本書のレベルを超える $\boldsymbol{R}$ に関する深い考察を必要とするから省略する.

定理 1.2 (**実数の連続性**) 単調で有界な数列は収束する.

例 1.4 r を実数とするとき次が成り立つ.

(1) $r > -1$ のとき $\displaystyle\lim_{n\to\infty} r^n = \begin{cases} 0 & (|r| < 1) \\ 1 & (r = 1) \\ \infty & (r > 1) \end{cases}$

(2) $r \leq -1$ のとき $\displaystyle\lim_{n\to\infty} r^n$ は存在しない. ◆

定理 1.3 (1) $\displaystyle\lim_{n\to\infty} \left(1 + \frac{1}{n}\right)^n$ は収束する. この極限値を, **自然対数の底** (または**ネピア数**) といい, e で表す.

(2) 任意の実数 a に対して $\displaystyle\lim_{n\to\infty} \frac{a^n}{n!} = 0$ となる.

(3) $\displaystyle\lim_{n\to\infty} \sqrt[n]{n} = 1$ となる.

証明 (1) $a_n = \left(1 + \dfrac{1}{n}\right)^n$ とおくとき数列 $\{a_n\}$ が有界な単調増加数列であることを示せば, 定理 1.2 により結論が得られる.

二項定理 (演習問題 1.1.3) により

$$a_n = 1 + {}_nC_1\frac{1}{n} + \cdots + {}_nC_k\left(\frac{1}{n}\right)^k + \cdots + {}_nC_n\left(\frac{1}{n}\right)^n,$$

$$a_{n+1} = 1 + {}_{n+1}C_1\frac{1}{n+1} + \cdots + {}_{n+1}C_k\left(\frac{1}{n+1}\right)^k + \cdots$$
$$+ {}_{n+1}C_n\left(\frac{1}{n+1}\right)^n + {}_{n+1}C_{n+1}\left(\frac{1}{n+1}\right)^{n+1}$$

となる.2つの式の右辺の最初の $n+1$ 個の項の大小は,$0 \le k \le n$ に対して,

$$\begin{aligned}{}_nC_k\left(\frac{1}{n}\right)^k &= \frac{1}{k!}\frac{n}{n}\frac{n-1}{n}\cdots\frac{n-k+1}{n} \\ &= \frac{1}{k!}1\left(1-\frac{1}{n}\right)\cdots\left(1-\frac{k-1}{n}\right) \\ &< \frac{1}{k!}1\left(1-\frac{1}{n+1}\right)\cdots\left(1-\frac{k-1}{n+1}\right) = {}_{n+1}C_k\left(\frac{1}{n+1}\right)^k\end{aligned}$$

となっている.また,a_{n+1} の右辺の最後の項は正だから $a_n < a_{n+1}$ となる.

次に,$n \ge 2$ とする.${}_nC_k\left(\frac{1}{n}\right)^k$ は,$k=0,1$ のとき

$${}_nC_0\frac{1}{n^0} = {}_nC_1\frac{1}{n^1} = 1$$

で,$2 \le k \le n$ のとき,

$${}_nC_k\left(\frac{1}{n}\right)^k = \frac{1}{k!}1\left(1-\frac{1}{n}\right)\cdots\left(1-\frac{k-1}{n}\right) < \frac{1}{k!} \le \frac{1}{2^{k-1}}$$

をみたすから

$$0 < a_n < 1 + 1 + \frac{1}{2} + \cdots + \frac{1}{2^{n-1}} < 1 + \sum_{k=0}^{\infty}\left(\frac{1}{2}\right)^k = 3$$

となる.

以上より,$\{a_n\}$ は上に有界な単調増加数列であるから定理 1.2 により収束する.

(2) $a=0$ のときは明らかだから $a \ne 0$ とする.

N を $2|a|$ より大きい整数とする.$k \ge N$ のとき,$k > 2|a|$ で $|a/k| < 1/2$

となることに注意すると，$n > N$ のとき

$$\left|\frac{a^n}{n!}\right| = \left|\frac{a}{1}\frac{a}{2}\cdots\frac{a}{N-1}\frac{a}{N}\cdots\frac{a}{n}\right| < \left|\frac{a}{1}\frac{a}{2}\cdots\frac{a}{N-1}\right| \times \left(\frac{1}{2}\right)^{n-N+1}$$

となる．$\lim_{n\to\infty}\left(\frac{1}{2}\right)^{n-N+1} = 0$ である（例 1.4）から，はさみうちの原理より，

$$\lim_{n\to\infty}\left|\frac{a^n}{n!}\right| = 0$$

となる．

(3) 演習問題とする（演習問題 1.1.4）．■

✓**注意** 自然対数の底 e は無理数で $e = 2.71828\cdots$ である．

例 1.5 $\lim_{n\to\infty}\left(1 - \frac{1}{n}\right)^n$ を求める．定理 1.3 (1) を用いると，

$$\lim_{n\to\infty}\left(1 - \frac{1}{n}\right)^n = \lim_{n\to\infty}\left(\frac{n-1}{n}\right)^n = \lim_{n\to\infty}\left(\frac{1}{\frac{n}{n-1}}\right)^n$$

$$= \lim_{n\to\infty}\left(\frac{1}{1 + \frac{1}{n-1}}\right)\frac{1}{\left(1 + \frac{1}{n-1}\right)^{n-1}} = 1 \times \frac{1}{e} = e^{-1}. \quad ◆$$

演習問題 1.1

1.1.1 次の極限を調べよ．また，収束するときにはその極限値を求めよ．

(1) $\lim_{n\to\infty}\dfrac{n(n^2+1)}{(1-2n)^3}$

(2) $\lim_{n\to\infty}\dfrac{1}{\sqrt{n}}\cos\left(\dfrac{n}{3}\pi\right)$

(3) $\lim_{n\to\infty}(\sqrt{n^2+5} - n)$

(4) $\lim_{n\to\infty}\sqrt{n}(\sqrt{n+4} - \sqrt{n+2})$

(5) $\lim_{n\to\infty}\left(\dfrac{2}{\sqrt{5}}\right)^{-n}$

(6) $\lim_{n\to\infty}\dfrac{(-2)^{n-1}}{3 + 2(-2)^n}$

(7) $\lim_{n\to\infty}\sum_{i=1}^{n}\dfrac{1}{i(i+1)}$

(8) $\lim_{n\to\infty}\dfrac{1}{n^3}(1^2 + 2^2 + \cdots + n^2)$

(9) $\displaystyle\lim_{n\to\infty}\left(1-\frac{1}{n}\right)^{-n}$ 　　　(10) $\displaystyle\lim_{n\to\infty}\left(1-\frac{1}{n^2}\right)^n$

1.1.2 次の各問に答えよ．
(1) $\displaystyle\lim_{n\to\infty}r^n$ を求めよ．
(2) $\displaystyle\lim_{n\to\infty}\frac{r^{n-1}}{3+2r^n}$ を求めよ．

1.1.3 n を正の整数，x, y を実数とする．数学的帰納法を用いて**二項定理**
$$(x+y)^n = \sum_{i=0}^{n} {}_nC_i\, x^i y^{n-i} = \sum_{i=0}^{n} {}_nC_i\, x^{n-i} y^i$$
を示せ．

1.1.4 $a_n = n^{\frac{1}{n}} - 1$ として，定理 1.3 (3) を次の手順で示せ．
(1) $n = (1+a_n)^n$ と二項定理を用いて，$n \geq 1 + na_n + \dfrac{n(n-1)}{2}(a_n)^2$ を示せ．
(2) a_n についての上の不等式を解け．ただし，$n \geq 2$ とする．
(3) $\displaystyle\lim_{n\to\infty} a_n = 0$ を示せ．

すべての数は有理数である？　　　column

　『数』を線分の長さで表したものが「数直線」である．数直線には穴が無いと考えるかもしれないが，数直線を限りなく拡大していって見たときに，直線は「数」という粒の集まりであるかも知れない．実際，そのように考えられていた時代があったのである．

　三平方の定理で知られるピタゴラス（紀元前 500 年頃）達は，数直線は目に見えない微小な点が集まってできたものだと考えていた．このような考え方から出発すると，線分の長さは有理数でなければならないことになる．なぜならば，線分（PQ としよう）の長さは，それが単位長さの何倍（x としよう）になっているかで表されるが，単位長さの線分も PQ も数直線を構成する粒で構成されているから，前者の個数を p，後者の個数を q と

すれば $x = \dfrac{q}{p}$ となり x は有理数となるからである．

　$\sqrt{2}$ が無理数であることを中学校や高等学校で学んでいるが，これを最初に発見したのはヒッパソス（紀元前 500 年頃の人）とされている．三平方の定理から，2 辺の長さが 1 の直角三角形の斜辺の長さは $\sqrt{2}$ となり，数 $\sqrt{2}$ の存在はピタゴラス自身も認めなければならないものであったはずである．しかし無理数の存在は，すべての数は有理数であるとするピタゴラス達の考え方に反するものであり，ピタゴラスの弟子であったヒッパソスはピタゴラスらによって殺されてしまったという．

　$\sqrt{2}$ を，有界な単調増加数列
$$a_1 = 1, \quad a_2 = 1.4, \quad a_3 = 1.41, \cdots$$
の極限値と考えることができる．ピタゴラス達の考え方によると数列 $\{a_n\}$ の極限値は存在しないことになるが，これは実数全体の集合 $\boldsymbol{R}$ が点の集まりであると考えたことから無数の隙間ができてしまったためと考えられる．

　定理 1.2 は，実数全体の集合 $\boldsymbol{R}$ には $-\infty$ から ∞ まで数が隙間なく存在すること，すなわち「実数の連続性」を表している．

1.2　関数の極限と連続関数

1.2.1　関数の極限

　区間 I の点 x に対して実数 y を対応させる規則を**関数**という．関数の表し方として，規則に f のような記号を割り当てて $y = f(x)$ とする書き方の他に，規則には記号を割り当てずに $y = y(x)$ とする書き方も用いられる．よく用いられる関数には
$$y = \sin x, \quad y = \cos x, \quad y = \log x, \quad y = \exp x$$
などのように，固有の記号が定められている．ここで $\exp x = e^x$ である．

　I を関数の**定義域**といい，実数 $f(x)$ $(x \in I)$ 全体の集合 $\{f(x) \in \boldsymbol{R} \mid x \in I\}$ を**値域**という．また，x を**独立変数**，y を**従属変数**という．

x を実数 a（もしくは $\pm\infty$）に限りなく近づけるとき，$f(x)$ がある実数 α に近づくならば，x が a に近づくときの $f(x)$ の**極限値**は α であるといい

$$\lim_{x \to a} f(x) = \alpha \quad \text{または} \quad f(x) \to \alpha \ (x \to a)$$

と書く．また $x \to a$ のとき，$f(x)$ が限りなく大きく（または小さく）なるならば $f(x)$ は正の無限大に**発散する**（または負の無限大に発散する）といい

$$\lim_{x \to a} f(x) = \infty \quad \text{または} \quad f(x) \to \infty \ (x \to a)$$

$$(\lim_{x \to a} f(x) = -\infty \quad \text{または} \quad f(x) \to -\infty \ (x \to a))$$

と書く．

例 1.6 $\displaystyle\lim_{x \to 1} x^2 = 1, \quad \lim_{x \to -1} \frac{2}{5+x} = \frac{1}{2}, \quad \lim_{x \to 2} \sqrt{x+3} = \sqrt{5}.$ ◆

関数の極限値も，数列の極限値と同様の性質を持つ．

定理 1.4 関数 $f(x), g(x)$ の極限値が，$\displaystyle\lim_{x \to a} f(x) = \alpha, \lim_{x \to a} g(x) = \beta$ （α, β は実数）のとき次が成り立つ．
(1) $\displaystyle\lim_{x \to a} kf(x) = k\alpha.$ （k は実数）
(2) $\displaystyle\lim_{x \to a} \{f(x) \pm g(x)\} = \alpha \pm \beta.$ （複号同順）
(3) $\displaystyle\lim_{x \to a} f(x)g(x) = \alpha\beta.$
(4) $\beta \neq 0$ のとき，$\displaystyle\lim_{x \to a} \frac{f(x)}{g(x)} = \frac{\alpha}{\beta}.$
(5) $x = a$ の近くで常に $f(x) \leq g(x)$ となるならば $\alpha \leq \beta$．

定理 1.5（**はさみうちの原理**） $x = a$ の近くで，常に $f(x) \leq g(x) \leq h(x)$ が成り立ち，$\displaystyle\lim_{x \to a} f(x) = \lim_{x \to a} h(x) = A$ であるならば
$$\lim_{x \to a} g(x) = A$$
となる．

x を a に,$a < x$ $(a > x)$ をみたしながら近づけたときの極限を

$$\lim_{x \to a+0} f(x) = \alpha \quad \text{または} \quad f(x) \to \alpha \ (x \to a+0)$$

$$(\lim_{x \to a-0} f(x) = \alpha \quad \text{または} \quad f(x) \to \alpha \ (x \to a-0))$$

と書く.

とくに重要な極限値の公式をあげておこう.

定理 1.6 (1) $\displaystyle\lim_{x \to 0} \frac{\sin x}{x} = 1.$ (2) $\displaystyle\lim_{x \to \infty} \left(1 + \frac{1}{x}\right)^x = e.$

証明 (1) のみ示す.

$0 < x < \pi/2$ として,3 点 A $(1, 0)$,B $(\cos x, \sin x)$,T $(1, \tan x)$ をとる (図 1.1).原点を中心とする半径 1 の円の,角 AOB の内部にある部分,すなわち扇形 OAB の面積を S とすると

$$S = (\text{半径 1 の円の面積}) \times \frac{x}{2\pi} = \frac{x}{2}$$

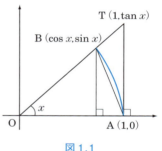

図 1.1

で,三角形 AOB,AOT の面積と扇形 OAB の面積 S は

$$\triangle \text{AOB} < S < \triangle \text{AOT}$$

をみたすから $\displaystyle\frac{\sin x}{2} < \frac{x}{2} < \frac{\tan x}{2}$ $\left(0 < x < \dfrac{\pi}{2}\right)$ となり

$$\cos x < \frac{\sin x}{x} < 1$$

となる.はさみうちの原理 (定理 1.5) により $\displaystyle\lim_{x \to +0} \frac{\sin x}{x} = 1$ となる.また

$$\lim_{x \to -0} \frac{\sin x}{x} = \lim_{x \to +0} \frac{\sin(-x)}{-x} = \lim_{x \to +0} \frac{\sin x}{x} = 1$$

となるから $\lim_{x \to 0} \dfrac{\sin x}{x} = 1$ である． ■

1.2.2 連続関数

$f(x)$ を区間 I で定義された関数とする．I が開区間であるとき，$c \in I$ に対して

$$\lim_{x \to c} f(x) = f(c)$$

が成り立つとき $f(x)$ は，点 $x = c$ において**連続**であるという．$f(x)$ が $x = c$ において連続であることと

$$\lim_{x \to c-0} f(x) = \lim_{x \to c+0} f(x) = f(c)$$

であることは同値である．

$f(x)$ が区間 I のすべての点で連続であるならば $f(x)$ は区間 I において**連続**であるという．$I = (a, b]$ のとき，$f(x)$ が開区間 (a, b) で連続であり，さらに $\lim_{x \to b-0} f(x) = f(b)$ が成り立つとき，$f(x)$ は，区間 $I = (a, b]$ において連続であるという．$I = [a, b)$ および $I = [a, b]$ における連続関数も同様に定義される．

例 1.7 x^n (n は正の整数), $\sin x$, $\cos x$, e^x などはすべて実数全体で連続である．$\tan x$ は $\left(m\pi - \dfrac{\pi}{2}, m\pi + \dfrac{\pi}{2}\right)$ (m は整数) で連続である．$\log x$ は $x > 0$ で連続である． ◆

次に，連続関数の重要な性質を 2 つあげる．どちらも直感的には明らかであるが，きちんと証明するためには実数に関する深い考察が必要である．証明は，本書の目的を超えるから省略する．

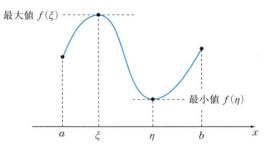

図 1.2 $[a, b]$ で連続な関数 $f(x)$ は最大値および最小値をとる

定理 1.7（**最大値・最小値の存在**） 関数 $f(x)$ を，有界な閉区間 $I = [a, b]$ の上の連続関数とする．
$$f(x) \leq f(\xi), \quad (a \leq x \leq b)$$
となる ξ $(a \leq \xi \leq b)$ および
$$f(\eta) \leq f(x), \quad (a \leq x \leq b)$$
となる η $(a \leq \eta \leq b)$ が存在する．

$f(\xi)$ は，$f(x)$ の I における**最大値**，$f(\eta)$ は，$f(x)$ の I における**最小値**である（図 1.2）．それぞれ
$$f(\xi) = \max_{x \in I} f(x), \quad f(\eta) = \min_{x \in I} f(x)$$
のように表される．

定理 1.8（**中間値の定理**） $f(x)$ を，有界な閉区間 $I = [a, b]$ の上の連続関数とする．$f(a) \neq f(b)$ であるならば，$f(a)$ と $f(b)$ の間の任意の実数 k に対して，
$$f(c) = k$$
となる c $(a < c < b)$ が存在する（図 1.3）．

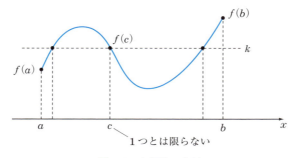

図 1.3 中間値の定理

 関数 $u = g(x)$ の値域が，関数 $y = f(u)$ の定義域に含まれているとき，$y = f(u)$ の u に $u = g(x)$ を代入して得られる関数 $y = f(g(x))$ を**合成関数**という．$y = f(g(x))$ を $y = (f \circ g)(x)$ と書くこともある．

例 1.8 $g(x) = x^2$, $f(u) = e^u$ とすると，$f(g(x)) = e^{g(x)} = e^{x^2}$ となる． ◆

 高等学校までに学んだ基本的な関数として整関数 (多項式)，三角関数，指数関数，対数関数

$$y = a_0 + a_1 x + \cdots + a_n x^n, \quad y = \exp x, \quad y = \log |x|,$$
$$y = \sin x, \quad y = \cos x, \quad y = \tan x$$

などがある．これらの基本的な関数から，関数の合成や，四則演算によって多くの関数を構成することができる．そのようにして得られる関数が，また連続関数になることは次の定理からわかる．

定理 1.9 k を実数とし，$f(x)$, $g(x)$ をある区間 $I \subset \mathbf{R}$ で連続な関数とする．次の関数も区間 I で連続である．

(1) $kf(x)$　　(2) $f(x) \pm g(x)$　　(3) $f(x)g(x)$

(4) $\dfrac{f(x)}{g(x)}$　　$(g(x) \neq 0)$

定理 1.10 a を $g(x)$ の定義域に含まれる実数とし，$g(a)$ は $f(x)$ の定義域に含まれるとする．$g(x)$ が $x = a$ で連続かつ $f(x)$ が $x = g(a)$ で連続とすると，合成関数 $f(g(x))$ は $x = a$ で連続となる．

例 1.9 $y = \sin(x^2)$ は，連続関数 $u = f(x) = x^2$ と連続関数 $y = g(u) = \sin u$ の合成関数 $y = g(f(x))$ だから，すべての x において連続である． ◆

$f(x)$ を区間 I で定義された関数とする．I の点 a, b に対して
$$a < b \quad \text{ならば} \quad f(a) < f(b) \quad (\text{または} f(a) \leq f(b))$$
が成り立つとき，$f(x)$ は区間 I において**単調増加**（または**単調非減少**）であるといい
$$a < b \quad \text{ならば} \quad f(a) > f(b) \quad (\text{または} f(a) \geq f(b))$$
が成り立つとき，$f(x)$ は区間 I において**単調減少**（または**単調非増加**）であるという．上記の関数を総称して**単調関数**という．

演習問題 1.2

1.2.1 次の極限値を求めよ．ただし，$0 < a < b$ とする．

(1) $\displaystyle\lim_{x \to 0} \frac{\tan x}{x}$

(2) $\displaystyle\lim_{x \to 0} \frac{1 - \cos x}{x^2}$

(3) $\displaystyle\lim_{x \to \frac{\pi}{2}} (\pi - 2x) \tan x$

(4) $\displaystyle\lim_{x \to 0} \frac{x}{\sqrt{2 - x} - \sqrt{2}}$

(5) $\displaystyle\lim_{x \to 0} (1 + x)^{\frac{1}{x}}$

(6) $\displaystyle\lim_{x \to 0} \frac{\log(1 + x)}{x}$

(7) $\displaystyle\lim_{x \to 0} \frac{e^x - 1}{x}$

(8) $\displaystyle\lim_{x \to \infty} (a^x + b^x)^{\frac{1}{x}}$

1.2.2 次の関数が連続関数であることを示せ．

(1) $f(x) = x^2 \ (x \in \mathbf{R})$ 　(2) $f(x) = \sin x \ (x \in \mathbf{R})$

1.2.3 次の関数 $f(x)$ が連続関数かどうかを調べよ．ただし，$[x]$ は x を越えない最大の整数を表す．

(1)　$f(x) = \sin(1 + x^2)$　　　(2)　$f(x) = \begin{cases} \dfrac{|x|}{x} & (x \neq 0) \\ 0 & (x = 0) \end{cases}$

(3)　$f(x) = [x]$　　　(4)　$f(x) = \begin{cases} e^{-\frac{1}{x^2}} & (x \neq 0) \\ 0 & (x = 0) \end{cases}$

定義・定理・系　　column

　数学では 1 つまたはいくつかの約束や主張を，定義，定理，命題，補題，系などとしてまとめることが多い．これらの言葉の意味を理解してきちんと使い分けることは，専門書などを読む際に必要な最低限の素養である．

- 「定義」とは，「義」(意味) を「定」めるもので，用語をどのような意味で用いるかを約束するものである．したがって「定義」を定義すると

　　　定義　数学において，用語の意味を定める文章を定義という．

　　「この定義は証明しなければいけませんか？」という問いの答えは，漢字の意味を考えるか辞書を引けば明らかですね．

- 「定理」とは，演繹によって真であることが示された命題で，とくに重要度が高い場合に使うことが多い．記憶していなくても仮定から導出することは可能であるが，覚えておく方が良い．

- 「系」とは，定理から簡単に導くことが出来るものである．

より専門的な数学書では「命題」や「補題」も用いられる．命題，補題は以下のような意味で用いられ，定理と同様に命題や補題から簡単に導くことが出来るものも「系」ということがある．

　本書では，読者が命題，補題といった用語に不慣れであることを考えて，重要度の低い内容であっても命題，補題とはせず定理とした．

- 「命題」とは，定理と同様，証明することが出来るが，定理よりは重要度が低いものである．

- 「補題」とは，定理や命題の証明に用いられる関係を与えるものである．

「定理」，「命題」，「補題」，「系」の結論は，仮定あっての結論なので，仮定がみたされていない状況では用いてはいけないことに注意しよう．

Chapter 2 微分法

2.1 導関数

2.1.1 導関数の定義

$y = f(x)$ を，$x = a$ を含む開区間で定義された関数とする．曲線 $y = f(x)$ 上の2点 $P(a, f(a))$，$Q(x, f(x))$ を通る直線の傾き $\dfrac{f(x) - f(a)}{x - a}$ が，x を a に近づけるときある値に収束する，すなわち極限値

$$\lim_{x \to a} \frac{f(x) - f(a)}{x - a} \tag{2.1}$$

が存在するとき，関数 $f(x)$ は $x = a$ で**微分可能**であるという．また，この極限値を $f'(a)$ と書いて，関数 $f(x)$ の $x = a$ における**微分係数**という．

$f(x)$ が区間 I で定義されていて，I のすべての点 a において $f'(a)$ が存在するとき，$f(x)$ は区間 I で**微分可能**であるという．$f(x)$ が区間 I で微分可能であるとき，I の点に微分係数を対応させる関数が得られる．この関数を $f'(x)$ と書き $f(x)$ の**導関数**という．(2.1) の x を $x + h$，a を x とすれば

$$f'(x) = \lim_{h \to 0} \frac{f(x + h) - f(x)}{h} \tag{2.2}$$

である．$f(x)$ の導関数 $f'(x)$ を求めることを，$f(x)$ を**微分する**という．

$y = f(x)$ の導関数 $f'(x)$ を

$$f', \quad y', \quad \frac{dy}{dx}, \quad \frac{df}{dx}(x), \quad \frac{df}{dx}, \quad \frac{d}{dx}f(x), \quad \frac{d}{dx}f$$

などで表すこともある．

例 2.1 (1) $f(x) = x^2$ の $x = a$ における微分係数は

$$\lim_{x \to a}\frac{x^2 - a^2}{x - a} = \lim_{x \to a}(x + a) = 2a$$

となるから $f'(a) = 2a$ であり，導関数は $f'(x) = 2x$ である．$f'(x) = 2x$ を $(x^2)' = 2x$ のように表すこともある．

(2) n を正の整数とするとき

$$(x^n)' = nx^{n-1}$$

が成り立つ．

(3) $f(x) = |x|$ は $x = 0$ において微分可能でない（演習問題 2.1.6）． ◆

曲線 $y = f(x)$ 上の 2 点 $P(a, f(a))$, $Q(b, f(b))$ を通る直線 ℓ の方程式は

$$\ell : y - f(a) = \frac{f(b) - f(a)}{b - a}(x - a)$$

である．

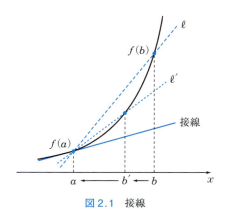

図 2.1 接線

図 2.1 から b を a に近づけるとき ℓ は, P を通り, 曲線 $y = f(x)$ との共有点が, P の近くではただ 1 点 P のみである直線に近づくことがわかる. この直線を, 曲線 $y = f(x)$ の, 点 $P(a, f(a))$ における**接線**という. 曲線 $y = f(x)$ の, 点 $P(a, f(a))$ における接線の方程式は

$$y = f'(a)(x - a) + f(a) \tag{2.3}$$

である.

例 2.2 $f(x) = x^2$ の $(2, 4)$ における接線の方程式は, $f'(x) = 2x$ より, $y = 4(x - 2) + 4 = 4x - 4$ である. ◆

定理 2.1 $x = a$ を含む区間で定義された関数 $f(x)$ が $x = a$ において微分可能ならば, $f(x)$ は $x = a$ において連続である.

開区間 I で定義された関数 $f(x)$ が, I において微分可能ならば, $f(x)$ は I において連続である.

証明 $f(x)$ が $x = a$ において連続であることを示すには, $x \to a$ のとき $|f(x) - f(a)| \to 0$ となることを示せばよい. 実際

$$\lim_{x \to a} |f(x) - f(a)| = \lim_{x \to a} |x - a| \left| \frac{f(x) - f(a)}{x - a} \right| = 0 \times |f'(a)| = 0$$

となるから $f(x)$ は $x = a$ において連続である. ■

2.1.2 導関数の公式

定理 2.2(導関数の性質) $f(x), g(x)$ を微分可能な関数とするとき, 次が成り立つ.
(1) $\{kf(x)\}' = kf'(x)$. (k は定数)
(2) $\{f(x) \pm g(x)\}' = f'(x) \pm g'(x)$. (複号同順)
(3) (積の微分の公式)
$$\{f(x)g(x)\}' = f'(x)g(x) + f(x)g'(x). \tag{2.4}$$
(4) (商の微分の公式) $g(x) \neq 0$ のとき

$$\left\{\frac{f(x)}{g(x)}\right\}' = \frac{f'(x)g(x) - f(x)g'(x)}{\{g(x)\}^2}. \tag{2.5}$$

証明 どれも極限値の基本的な性質 (定理 1.4) を用いて示せる．ここでは (2) と (3) を示そう．

(2) $\quad \{f(x) \pm g(x)\}' = \lim_{h \to 0} \dfrac{\{f(x+h) \pm g(x+h)\} - \{f(x) \pm g(x)\}}{h}$

$\qquad\qquad\qquad\quad = \lim_{h \to 0} \left\{\dfrac{f(x+h) - f(x)}{h} \pm \dfrac{g(x+h) - g(x)}{h}\right\}$

$\qquad\qquad\qquad\quad = f'(x) \pm g'(x).$

(3) 定理 2.1 により $\lim_{h \to 0} g(x+h) = g(x)$ となることに注意すると

$\{f(x)g(x)\}' = \lim_{h \to 0} \dfrac{\{f(x+h)g(x+h)\} - \{f(x)g(x)\}}{h}$

$= \lim_{h \to 0} \dfrac{\{f(x+h)g(x+h) - f(x)g(x+h)\} + \{f(x)g(x+h) - f(x)g(x)\}}{h}$

$= \lim_{h \to 0} \left\{\dfrac{f(x+h) - f(x)}{h} g(x+h) + f(x) \dfrac{g(x+h) - g(x)}{h}\right\}$

$= f'(x)g(x) + f(x)g'(x).$ ∎

例 2.3 定理 2.2(1) と (2) の性質を用いると，
$(x^3 - 2x^2 + x + 1)' = (x^3)' - 2(x^2)' + (x)' + (1)' = 3x^2 - 4x + 1.$ ◆

定理 2.3（合成関数の微分の公式） 微分可能な関数 $y = f(u)$, $u = g(x)$ の合成関数 $y = f(g(x))$ の導関数 $\dfrac{dy}{dx} = \{f(g(x))\}'$ は

$$\frac{dy}{dx} = \frac{dy}{du}\frac{du}{dx} \left(= \frac{df}{du}(g(x))\frac{dg}{dx}(x)\right)$$

となる．

証明 $H = g(x+h) - g(x) = g(x+h) - u$ とおくと

$$\frac{f(g(x+h))-f(g(x))}{h} = \frac{f(u+H)-f(u)}{H}\frac{g(x+h)-g(x)}{h}$$

となる．$g(x)$ は微分可能だから，定理 2.1 によって $\lim_{h\to 0} H = 0$ となる．

導関数の定義から

$$\begin{aligned}\{f(g(x))\}' &= \lim_{h\to 0}\frac{f(g(x+h))-f(g(x))}{h}\\ &= \lim_{h\to 0}\frac{f(u+H)-f(u)}{H}\frac{g(x+h)-g(x)}{h}\\ &= \lim_{H\to 0}\frac{f(u+H)-f(u)}{H}\lim_{h\to 0}\frac{g(x+h)-g(x)}{h}\\ &= \frac{df}{du}(u)\frac{dg}{dx}(x)\end{aligned}$$

となる． ■

合成関数の微分の公式を用いて商の微分の公式 (2.5) を示そう．

$y = f(u) = \dfrac{1}{u}$, $u = g(x)$ とする．合成関数 $y = f(g(x)) = \dfrac{1}{g(x)}$ の導関数は，$\dfrac{df}{du} = -\dfrac{1}{u^2}$（演習問題 2.1.1 (2)）だから

$$\left(\frac{1}{g(x)}\right)' = -\frac{1}{g(x)^2}g'(x) = -\frac{g'(x)}{\{g(x)\}^2}$$

となる．これで商の微分の公式 (2.5) が $f(x) = 1$ のときに成り立つことが示された．

一般の商の微分の公式 (2.5) は，上の等式と積の微分の公式 (2.4) を用いて次のように示せる．

$$\begin{aligned}\left(\frac{f(x)}{g(x)}\right)' &= \left(f(x)\frac{1}{g(x)}\right)' = f'(x)\frac{1}{g(x)} + f(x)\left(\frac{1}{g(x)}\right)'\\ &= f'(x)\frac{1}{g(x)} - f(x)\frac{g'(x)}{\{g(x)\}^2} = \frac{f'(x)g(x)-f(x)g'(x)}{\{g(x)\}^2}.\end{aligned}$$

2.1.3 三角関数の導関数

三角関数 $y = \sin x$ の導関数を求めよう.

$$\sin(x+h) - \sin x = 2\cos\left(x + \frac{h}{2}\right)\sin\frac{h}{2}$$

が成り立つ (演習問題 2.1.2). 定理 1.6 を用いて

$$(\sin x)' = \lim_{h \to 0} \frac{\sin(x+h) - \sin x}{h} = \lim_{h \to 0} \frac{2\cos\left(x + \frac{h}{2}\right)\sin\frac{h}{2}}{h}$$

$$= \lim_{h \to 0} \cos\left(x + \frac{h}{2}\right) \frac{\sin\frac{h}{2}}{\frac{h}{2}} = \cos x$$

となる.

次に, $\cos x$ および $\tan x$ の導関数の公式もあわせてまとめておこう.

定理 2.4 (三角関数の導関数)

$$(\sin x)' = \cos x, \quad (\cos x)' = -\sin x, \quad (\tan x)' = \frac{1}{\cos^2 x}.$$

2.1.4 対数関数の導関数

定理 2.5 (対数関数の導関数)

$$(\log|x|)' = \frac{1}{x}.$$

証明 $x > 0$ とする. 対数関数の性質から

$$\lim_{h \to 0} \frac{\log(x+h) - \log x}{h} = \lim_{h \to 0} \frac{1}{h}\log\left(\frac{x+h}{x}\right) = \frac{1}{x}\lim_{h \to 0} \frac{x}{h}\log\left(\frac{x+h}{x}\right)$$

となる. ここで x を定数として $\frac{h}{x} = H$ とおくと, $h \to 0$ のとき $H \to 0$ となり

$$\lim_{h\to 0}\frac{x}{h}\log\left(\frac{x+h}{x}\right) = \lim_{h\to 0}\log\left(1+\frac{h}{x}\right)^{\frac{x}{h}} = \lim_{H\to 0}\log(1+H)^{\frac{1}{H}}$$

となる．対数関数は連続だから

$$\lim_{H\to 0}\log(1+H)^{\frac{1}{H}} = \log\left(\lim_{H\to 0}(1+H)^{\frac{1}{H}}\right) = \log e = 1$$

となり，$x>0$ のとき $(\log x)' = \dfrac{1}{x}$ である．

$x<0$ のとき $-x=u$ とおくと $\log|x|=\log u$ となるから，$g(u)=\log u$ とすれば

$$(\log|x|)' = \frac{dg}{du}\frac{du}{dx} = \frac{1}{u}\times(-1) = \frac{1}{x}$$

となる．■

定理 2.6（指数関数の導関数）
$$(e^x)' = e^x$$

証明 $y=e^x$ とおくと $\log y = x$ である．$\log y = x$ の両辺を x について微分すると，合成関数の微分法（定理 2.3）により

$$\frac{d}{dx}\log y = \frac{dy}{dx}\frac{d}{dy}\log y = \frac{y'}{y} = 1$$

となる．したがって

$$(e^x)' = y' = y = e^x$$

である．■

例 2.4 $y = a^x\ (a>0)$ の導関数を求める．

$e^x = \exp x$ と書くとき，$y = a^x = \exp(\log a^x) = \exp(x\log a)$ が成り立つことに注意する．$u = (\log a)x$ とすると $y = \exp u = e^u$ となるから，合成関数の微分の公式（定理 2.3）を用いて，

$$\frac{dy}{dx} = \frac{du}{dx}\frac{dy}{du} = (\log a)e^u = (\log a)a^x$$

となる．◆

演習問題 2.1

2.1.1 (1) n を正の整数とするとき，二項定理 (演習問題 1.1.3) を用いて $(x^n)' = nx^{n-1}$ を示せ．

(2) 導関数の定義 (17 ページ (2.2)) に従って $\left(\dfrac{1}{x}\right)' = -\dfrac{1}{x^2}$ を示せ．

2.1.2 加法定理を用いて次を示せ．

$$\sin x + \sin y = 2\sin\frac{x+y}{2}\cos\frac{x-y}{2},$$

$$\sin x - \sin y = 2\cos\frac{x+y}{2}\sin\frac{x-y}{2},$$

$$\cos x + \cos y = 2\cos\frac{x+y}{2}\cos\frac{x-y}{2},$$

$$\cos x - \cos y = -2\sin\frac{x+y}{2}\sin\frac{x-y}{2}.$$

2.1.3 導関数の定義 (17 ページ (2.2)) に従って次を示せ．

(1) $(\cos x)' = -\sin x$ (2) $(\tan x)' = \dfrac{1}{\cos^2 x}$

2.1.4 次の関数を微分せよ．

(1) $y = \dfrac{x}{x^2+1}$ (2) $y = \dfrac{1}{e^x + e^{-x}}$

(3) $y = \sin(x^2+1)$ (4) $y = e^{x-2x^2}$

(5) $y = \log(1+e^{-x})$ (6) $y = \tan(\sin x)$

(7) $y = \left(1 - \dfrac{1}{x^2}\right)^{100} e^{-x}$ (8) $y = \sqrt{\dfrac{1-\sqrt{x}}{1+\sqrt{x}}}$

2.1.5 曲線 $y = e^{-x^2}$ の，点 $(1, 1/e)$ における接線の方程式を求めよ．

2.1.6 $y = |x|$ が $x = 0$ で微分できない (微分不可能である) ことを示せ．

2.2 逆関数の微分法

関数 $y = f(x)$ に対して，

$$x = g(f(x)), \quad y = f(g(y)) \tag{2.6}$$

をみたす関数 $x = g(y)$ を $y = f(x)$ の**逆関数**という．逆関数 $g(y)$ を $f^{-1}(y)$ と書く．

関数 $y = f(x)$ が与えられたとき，そのグラフを描くことができるが，逆にグラフから関数を知ることができる．図 2.2 の破線の矢印をたどれば x に対応する y の値 $y = f(x)$ がわかるのである．逆関数 $x = f^{-1}(y)$ でも同様で，図 2.2 の実線の矢印をたどって x の値に対応する $y = f^{-1}(x)$ の値がわかる．

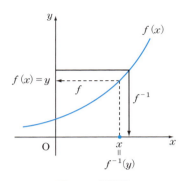

図 2.2 逆関数

例 2.5 (1) $y = f(x) = 2x + 3$ のとき，$x = g(y) = \dfrac{y-3}{2}$ とすると $g(f(x)) = \dfrac{(2x+3)-3}{2} = x$ および $f(g(y)) = 2\dfrac{y-3}{2} + 3 = y$ が成り立つから $x = g(y) = \dfrac{y-3}{2}$ は $y = f(x) = 2x + 3$ の逆関数である．

(2) $y = f(x) = x^2$ の逆関数 $x = g(y)$ が存在するとすると $f(g(y)) = \{g(y)\}^2 = y$ となり，$y \geq 0$ ならば $g(y) = \sqrt{y}$ または $g(y) = -\sqrt{y}$ のどちらかである．$y < 0$ とき $\{g(y)\}^2 = y$ となる $g(y)$ は存在しない．◆

> **定理 2.7** (**逆関数の存在**) $y = f(x)$ を，区間 I で定義された単調増加（または単調減少）関数とする．$f(x)$ の値域 $R = \{f(x) \mid x \in I\}$ で定義された関数 $y = g(x)$ で
> $$x = g(f(x)), \quad y = f(g(y))$$
> をみたすものが存在する．

$x = g(y)$ を微分可能な関数とする．導関数 $\dfrac{dg}{dy}$ が連続ですべての y に対して 0 でないとすると $g(y)$ は単調増加関数または単調減少関数であること

が後に示される．

> **定理 2.8**（逆関数の導関数） $x = g(y)$ を微分可能な関数とする．導関数 $g'(y)$ も連続関数で $g'(y) \neq 0$ をみたすものとする．このとき，$x = g(y)$ の逆関数 $y = f(x)$ が存在し
> $$\frac{df}{dx}(x) = \frac{1}{\frac{dg}{dy}(f(x))}$$
> となる．

証明 $f(x)$ が微分可能であることの証明は省略する．

逆関数の定義から恒等的に $x = g(f(x))$ が成り立つ．$x = g(f(x))$ の両辺を x について微分すると

$$1 = \frac{dg}{dy}(f(x)) \times \frac{dy}{dx}$$

となるから

$$\frac{dy}{dx} = \frac{1}{\frac{dg}{dy}(f(x))}$$

となる．■

逆関数の導関数の公式は見かけ上複雑であるが，これを簡単な形で書き直しておこう．

関数を表す文字（例えば $f(x)$ の f）を定めずに，関数 $y = y(x)$ のように書くことがある．そのような書き方を用いると『$y = y(x)$ は $x = x(y)$ の逆関数である』となる．

$y = y(x)$ が $x = x(y)$ の逆関数であるとき $x = x(y(x))$ が成り立つ．この両辺を x について微分すると $1 = \frac{dx}{dy}\frac{dy}{dx}$ となるから

$$\frac{dy}{dx} = \frac{1}{\frac{dx}{dy}} \qquad (2.7)$$

である．

例 2.6 (2.7) を使って逆関数の微分をしてみよう．

$x = x(y) = y^3$ の逆関数は $y = y(x) = x^{1/3}$ である．(2.7) により

$$\frac{dy}{dx} = \frac{1}{\frac{dx}{dy}} = \frac{1}{3y^2}$$

となる．ここで $y = x^{1/3}$ だから

$$(x^{1/3})' = \frac{dy}{dx} = \frac{1}{3x^{2/3}} = \frac{1}{3}x^{-2/3}$$

である．◆

2.2.1 逆三角関数

x が区間 $\left[-\frac{\pi}{2}, \frac{\pi}{2}\right]$ を動くとき，関数 $y = \sin x$ は単調増加関数だから逆関数が存在する．$y = \sin x \left(-\frac{\pi}{2} \leq x \leq \frac{\pi}{2}\right)$ の逆関数を

$$x = \sin^{-1} y \qquad (-1 \leq x \leq 1)$$

と書く．$\sin^{-1}$ を**アークサイン**と読む．上の関係を x と y を交換して書くと

$$y = \sin^{-1} x \ (-1 \leq x \leq 1) \iff \begin{cases} x = \sin y \\ -\frac{\pi}{2} \leq y \leq \frac{\pi}{2} \end{cases}$$
$$(2.8)$$

である．

$y = \cos x \ (0 \leq x \leq \pi)$ は単調減少関数であり，$y = \tan x \left(-\frac{\pi}{2} < x < \frac{\pi}{2}\right)$

は単調増加関数であるから，どちらも逆関数をもつ．それぞれの逆関数を，$x = \cos^{-1} y \ (-1 \leq y \leq 1)$ および $x = \tan^{-1} y \ (-\infty < y < \infty)$ と書く．$\cos^{-1}$ を**アークコサイン**，$\tan^{-1}$ を**アークタンジェント**と読む．

$$y = \cos^{-1} x \ (-1 \leq x \leq 1) \iff \begin{cases} x = \cos y \\ 0 \leq y \leq \pi \end{cases} \tag{2.9}$$

$$y = \tan^{-1} x \ (-\infty < x < \infty) \iff \begin{cases} x = \tan y \\ -\dfrac{\pi}{2} < y < \dfrac{\pi}{2} \end{cases} \tag{2.10}$$

である．

$\sin^{-1} x$, $\cos^{-1} x$, $\tan^{-1} x$ を総称して**逆三角関数**という．

✓ **注意** $\sin^2 x$ における "2" は実数 $\sin x$ の 2 乗を表すのに対し，$\sin^{-1} x$ における "-1" は $\sin x$ の逆数 $1/\sin x$ を表すのではなく，逆関数を表すことに注意が必要である．$\cos^{-1} x$ および $\tan^{-1} x$ も同様である．

例 2.7 $\cos^{-1} \dfrac{\sqrt{3}}{2} = \dfrac{\pi}{6}$, $\sin^{-1}\left(-\dfrac{1}{2}\right) = -\dfrac{\pi}{6}$, $\tan^{-1} \dfrac{1}{\sqrt{3}} = \dfrac{\pi}{6}$,

$\cos(\tan^{-1} 2) = \dfrac{1}{\sqrt{5}}$.

図 2.3 から図 2.5 に $y = \sin^{-1} x$, $y = \cos^{-1} x$, $y = \tan^{-1} x$ のグラフを示す．◆

例題 2.1 $-1 \leq x \leq 1$ に対して，次を示せ．
$$\sin^{-1} x + \cos^{-1} x = \dfrac{\pi}{2}. \tag{2.11}$$

解答 $\theta = \sin^{-1} x$ とおくと $\sin \theta = x \left(-\dfrac{\pi}{2} \leq \theta \leq \dfrac{\pi}{2}\right)$ である．

三角関数の加法定理により

$$\cos\left(\dfrac{\pi}{2} - \theta\right) = \sin \theta = x$$

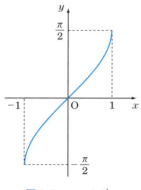

図 2.3　$y = \sin^{-1} x$　　　　　図 2.4　$y = \cos^{-1} x$

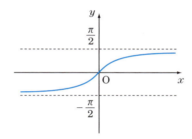

図 2.5　$y = \tan^{-1} x$

となり $0 \leq \dfrac{\pi}{2} - \theta \leq \pi$ だから $\cos^{-1}$ の定義によって

$$\cos^{-1} x = \dfrac{\pi}{2} - \theta = \dfrac{\pi}{2} - \sin^{-1} x$$

である．◆

2.2.2　逆三角関数の導関数

$y = \sin^{-1} x$ の導関数 $\dfrac{dy}{dx}$ を求めよう．

(2.8) に示した通り，$y = \sin^{-1} x$ のとき $x = \sin y$ である．両辺を x に

について微分すると

$$1 = \frac{dy}{dx} \cos y$$

となる．ここで $-\pi/2 \leq y \leq \pi/2$ だから

$$\cos y = \sqrt{1 - \sin^2 y} = \sqrt{1 - x^2}$$

となり

$$\frac{dy}{dx} = \frac{1}{\cos y} = \frac{1}{\sqrt{1 - x^2}}$$

となる．

$y = \cos^{-1} x$ および $y = \tan^{-1} x$ の導関数も同様に計算することができる．

定理 2.9 次が成り立つ．

$$(\sin^{-1} x)' = \frac{1}{\sqrt{1 - x^2}}, \quad (\cos^{-1} x)' = -\frac{1}{\sqrt{1 - x^2}},$$

$$(\tan^{-1} x)' = \frac{1}{1 + x^2}.$$

演習問題 2.2

2.2.1 次の関数の逆関数を求めよ．

(1) $y = \dfrac{x + 1}{x - 1}$ ($x \neq 1$) (2) $y = \log x$ ($x > 0$)

(3) $y = x^3 - 3x^2 + 3x - 1$

2.2.2 次の関数 $x = f(y)$ の逆関数 $y = f^{-1}(x)$ の導関数を求めよ．

(1) $x = f(y) = \dfrac{1}{4} y^2 + \dfrac{1}{2}$ ($y > 0$)

(2) $x = f(y) = y^4$ ($y > 0$)

2.2.3 次の値を求めよ．

(1) $\sin^{-1}\left(\dfrac{1}{2}\right)$ (2) $\cos^{-1}\left(\dfrac{\sqrt{2}}{2}\right)$ (3) $\sin^{-1}\left(-\dfrac{\sqrt{3}}{2}\right)$

(4) $\cos^{-1}\left(-\dfrac{1}{2}\right)$ (5) $\tan^{-1}\left(\dfrac{\sqrt{3}}{3}\right)$ (6) $\tan\left(\sin^{-1}\left(\dfrac{1}{2}\right)\right)$

2.2.4 $(\tan^{-1} x)' = \dfrac{1}{1+x^2}$ を示せ.

2.2.5 次の関数を微分せよ.
(1) $\sin^{-1}(1-x^2)$ $(x > 0)$ (2) $\cos^{-1}\left(\dfrac{1}{\sqrt{x}}\right)$

2.3 様々な微分法

2.3.1 双曲線関数

次の関数を総称して**双曲線関数**という.

$$\sinh x = \frac{e^x - e^{-x}}{2}, \quad \cosh x = \frac{e^x + e^{-x}}{2}, \quad \tanh x = \frac{e^x - e^{-x}}{e^x + e^{-x}}.$$

sinh を**ハイパボリックサイン**, cosh を**ハイパボリックコサイン**, tanh を**ハイパボリックタンジェント**という.

双曲線関数は, 次の性質を持つ.

定理 2.10 (双曲線関数の性質)

(1) $(\cosh x)^2 - (\sinh x)^2 = 1$.

(2) $\begin{cases} \cosh(x+y) = \cosh x \cosh y + \sinh x \sinh y, \\ \sinh(x+y) = \sinh x \cosh y + \cosh x \sinh y. \end{cases}$

(3) $(\cosh x)' = \sinh x, \quad (\sinh x)' = \cosh x.$

例題 2.2 $x = \sinh y$ の逆関数は $y = \log|x + \sqrt{x^2+1}|$ であることを示せ.

解答 $Y = e^y$ とおくと $x = \dfrac{Y - Y^{-1}}{2}$ だから Y は 2 次方程式

$$Y^2 - 2xY - 1 = 0$$

の解である．$Y > 0$ に注意すれば

$$Y = e^y = x + \sqrt{x^2 + 1}$$

となり

$$y = \log |x + \sqrt{x^2 + 1}|$$

となる．◆

$x = \sinh y$ の逆関数 $y = \log |x + \sqrt{x^2 + 1}|$ の導関数は

$$(\log |x + \sqrt{x^2 + 1}|)' = \dfrac{1}{\sqrt{x^2 + 1}}$$

である．

2.3.2 対数微分法

例題 2.3 $y = x^x \ (x > 0)$ の導関数を求めよ．

解答 $y = x^x$ の両辺の対数をとると，$\log y = \log x^x = x \log x$ となる．この両辺を x について微分すると

$$\dfrac{1}{y} \dfrac{dy}{dx} = \log x + 1 \iff \dfrac{dy}{dx} = y(1 + \log x)$$

となる．ここで，$y = x^x$ だから

$$y' = (x^x)' = x^x(1 + \log x)$$

となる．◆

✓**注意** 上の例題のような計算法を**対数微分法**という．

以上で，一般的に用いられる関数の導関数が出そろったので，それを表 2.1 にまとめておこう．

表2.1 導関数

$f(x)$	$f'(x)$	$f(x)$	$f'(x)$
x^α	$\alpha x^{\alpha-1}$	$\sin^{-1} x$	$\dfrac{1}{\sqrt{1-x^2}}$
e^{ax}	ae^{ax}	$\cos^{-1} x$	$-\dfrac{1}{\sqrt{1-x^2}}$
$a^x\ (a>0)$	$a^x \log a$	$\tan^{-1} x$	$\dfrac{1}{1+x^2}$
$\log|x|$	$\dfrac{1}{x}$	$\sinh x$	$\cosh x$
$\sin x$	$\cos x$	$\cosh x$	$\sinh x$
$\cos x$	$-\sin x$	$\tanh x$	$\dfrac{1}{(\cosh x)^2}$
$\tan x$	$\dfrac{1}{\cos^2 x}$	$\log|x+\sqrt{x^2+1}|$	$\dfrac{1}{\sqrt{x^2+1}}$

2.3.3 媒介変数表示

変数 t を用いて
$$x = \cos t, \quad y = \sin t \tag{2.12}$$
とするとき，点 (x,y) は，原点を中心とする半径 1 の円周上にある．t が増加するにつれて点 (x,y) は時計の針と反対の向きに円周上を移動する．

一般に変数 t の関数 $x(t), y(t)$ が与えられたとき
$$x = x(t), \quad y = y(t) \tag{2.13}$$
で定められる点 $(x(t), y(t))$ は，t が変化するとき曲線を描く．曲線 C の上のすべての点が $(x(t), y(t))$ の形で表されるとき，(2.13) を曲線 C の**媒介変数表示**という．

(2.12) は原点を中心とする半径 1 の円の媒介変数表示であり
$$x = \cosh t, \quad y = \sinh t \tag{2.14}$$
は双曲線 $x^2 - y^2 = 1$ の $x > 0$ の部分の媒介変数表示である．

曲線の媒介変数表示 (2.13) において，$\dfrac{dx}{dt} \neq 0$ であるならば $x = x(t)$ の逆関数 $t = t(x)$ が存在する．$y = y(t)$ に $t = t(x)$ を代入すると
$$y = y(t(x))$$

となり y は x の関数となる．y を x で微分すると

$$\frac{dy}{dx} = \frac{dy}{dt}\frac{dt}{dx} = \frac{dy}{dt}\frac{1}{\frac{dx}{dt}} = \frac{\frac{dy}{dt}}{\frac{dx}{dt}}$$

となる．

定理 2.11 媒介変数表示

$$x = x(t), \quad y = y(t)$$

で表された曲線の，点 $(x(a), y(a))$ における接線の傾きは，$\dfrac{dx}{dt}(a) \neq 0$ ならば

$$\frac{\frac{dy}{dt}(a)}{\frac{dx}{dt}(a)}$$

である．

例題 2.4 媒介変数表示

$$x = x(t) = 2\cos t - \cos 2t, \quad y = y(t) = 2\sin t - \sin 2t,$$
$$(0 \leq t \leq 2\pi)$$

で表される曲線を**カージオイド**という．

カージオイドの概形を描き，媒介変数 $t = \dfrac{5\pi}{6}$ に対応する点

$$\left(-\sqrt{3} - \frac{1}{2},\ 1 + \frac{\sqrt{3}}{2}\right)$$

における接線の方程式を求めよ．

解答 概形は図 2.6 に示す．また

$$x'(t) = -2\sin t + 2\sin 2t, \quad y'(t) = 2\cos t - 2\cos 2t$$

であり $x'\left(\dfrac{5\pi}{6}\right) = -1 - \sqrt{3},\quad y'\left(\dfrac{5\pi}{6}\right) = -\sqrt{3} - 1$ である．このことか

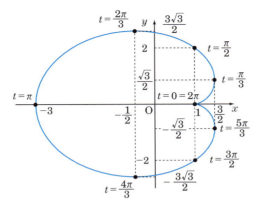

図 2.6 カージオイドのグラフ

ら，$(x, y) = \left(-\sqrt{3} - \dfrac{1}{2}, 1 + \dfrac{\sqrt{3}}{2}\right)$ における接線の傾きは

$$\frac{dy}{dx} = \frac{\dfrac{dy}{dt}}{\dfrac{dx}{dt}} = \frac{y'\left(\dfrac{5\pi}{6}\right)}{x'\left(\dfrac{5\pi}{6}\right)} = \frac{-\sqrt{3} - 1}{-1 - \sqrt{3}} = 1$$

となる．したがって，接線の方程式は $y - \left(1 + \dfrac{\sqrt{3}}{2}\right) = 1 \times \left(x - \left(-\sqrt{3} - \dfrac{1}{2}\right)\right)$ となり

$$y = x + \frac{3}{2} + \frac{3\sqrt{3}}{2}$$

となる． ◆

演習問題 2.3

2.3.1 次が成り立つことを示せ．

(1) $\sinh(2x) = 2\sinh x \cosh x$.

(2) $\tanh(x+y) = \dfrac{\tanh x + \tanh y}{1 + \tanh x \tanh y}$.

(3) $(\tanh x)' = \dfrac{1}{(\cosh x)^2}$.

2.3.2 $y = \dfrac{\cosh x}{\sinh x}$ の導関数を求めよ.

2.3.3 $x = \cos t,\ y = \sin 2t$ で表される曲線の $t = \dfrac{2\pi}{3}$ に対応する点を求めよ.

2.3.4 次で定められる関数 $y = y(x)$ の導関数 $\dfrac{dy}{dx}$ を計算せよ.

(1) $x = t^2 + 1,\ y = 3t + \dfrac{2}{t}$ 　　(2) $x = \cos^3 t,\ y = \sin^3 t$

(3) $x = e^t,\ y = e^{-t^2}$

2.4 平均値の定理とその応用

2.4.1 極 値

　閉区間で定義された連続関数 $f(x)$ が最大値および最小値をとることを定理 1.7 で見た. 最大・最小値に関連する概念である「極値」を導入しよう.

　$f(x)$ を開区間 I で定義された連続関数とし a を I の点とする.

　$x = a$ の十分近くで $x \ne a$ ならば $f(x) < f(a)$ となる, すなわち適当な正の数 r が存在して

$$0 < |x - a| < r \quad \text{ならば} \quad f(x) < f(a) \qquad (2.15)$$

が成り立つとき $f(x)$ は $x = a$ で**極大**になるといい, $f(a)$ を**極大値**という (図 2.7).

　同様に, $x = a$ の十分近くで $x \ne a$ ならば $f(x) > f(a)$ となる, すなわち適当な正の数 r が存在して

$$0 < |x - a| < r \quad \text{ならば} \quad f(x) > f(a) \qquad (2.16)$$

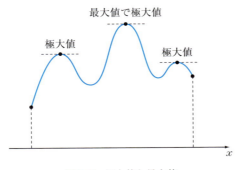

図 2.7 極大値と最大値

が成り立つとき $f(x)$ は $x = a$ で**極小**になるといい，$f(a)$ を**極小値**という．極大値と極小値を総称して**極値**という．

$f(x)$ が微分可能であるとき，最大値または最小値をとるための必要条件を $f'(x)$ を用いて述べておこう．

> **定理 2.12** 開区間で定義された関数 $f(x)$ が $x = a$ で微分可能であるとする．$f(x)$ が $x = a$ で最大値（または最小値）をとるならば，$f'(a) = 0$ である．

✓**注意** $f(x)$ が $x = a$ において極大値をとる（(2.15) が成り立つ）とき，$f(a)$ は区間 $(a - r, a + r)$ における $f(x)$ の最大値である．同様に，$f(x)$ が $x = a$ において極小値をとるとき，$f(a)$ は区間 $(a - r, a + r)$ における $f(x)$ の最小値である．これらのことから，上の定理は「最大値（または最小値）」を「極値」としても成り立つ．

証明 $f(x)$ が $x = a$ で最大値をとる，すなわち $h \neq 0$ を十分小さい実数とするとき $f(a + h) \leq f(a)$ が成り立つとする．

$f(x)$ は $x = a$ において微分可能だから $f'(a)$ が存在して

$$f'(a) = \lim_{h \to -0} \frac{f(a + h) - f(a)}{h} = \lim_{h \to +0} \frac{f(a + h) - f(a)}{h}$$

である．$h < 0$ のとき $\dfrac{f(a+h) - f(a)}{h} \geq 0$ で

$$f'(a) = \lim_{h \to -0} \dfrac{f(a+h) - f(a)}{h} \geq 0$$

となり，$h > 0$ のとき $\dfrac{f(a+h) - f(a)}{h} \leq 0$ で

$$f'(a) = \lim_{h \to +0} \dfrac{f(a+h) - f(a)}{h} \leq 0$$

となるから $f'(a) = 0$ が成り立つ．

$f(a)$ が最小値であるときも同様である．■

2.4.2 平均値の定理

> **定理 2.13**（平均値の定理） $f(x)$ は閉区間 $[a, b]$ で連続，開区間 (a, b) で微分可能であるとする．このとき，
>
> $$\dfrac{f(b) - f(a)}{b - a} = f'(c)$$
>
> となる $c\ (a < c < b)$ が存在する．

平均値の定理は，曲線 $y = f(x)$ の上の 2 点 $(a, f(a))$，$(b, f(b))$ を通る直線

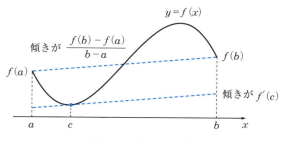

図 2.8 平均値の定理

の傾き $\dfrac{f(b)-f(a)}{b-a}$ と，接線の傾き $f'(c)$ が等しくなるような c が a と b の間に存在することを示すものである．これは図 (図 2.8) から直感的に理解することができる定理であるが，きちんと証明しておこう．

まず，平均値の定理の特殊な場合である次の定理を示そう．

定理 2.14（ロルの定理）$f(x)$ は閉区間 $[a,b]$ で連続，開区間 (a,b) で微分可能で $f(a)=f(b)$ をみたすものとする．このとき，$f'(c)=0$ となる $c\,(a<c<b)$ が存在する．

証明 $f(x)$ は閉区間上の連続関数だから，最大値および最小値をとる（定理 1.7）．$f(a)=f(b)$ であることから，最大値と最小値のどちらかは，区間の内部の点 $c\,(a<c<b)$ における $f(x)$ の値 $f(c)$ である．

$f(x)$ が区間内の点 $c\,(a<c<b)$ において最大値をとるとすると定理 2.12 によって $f'(c)=0$ である．$f(x)$ が区間内の点 $c\,(a<c<b)$ において最小値をとるとしても同様である．■

ロルの定理を用いて平均値の定理を示そう．

証明
$$F(x)=f(x)-\frac{f(b)-f(a)}{b-a}(x-a)-f(a)$$

とする．$F(x)$ は，$[a,b]$ で連続，(a,b) で微分可能な関数で $F(a)=F(b)=0$ をみたすから，ロルの定理により $F'(c)=0$ となる $c\,(a<c<b)$ が存在する．

$$F'(c)=f'(c)-\frac{f(b)-f(a)}{b-a}=0$$

から定理の結論が導かれる．■

平均値の定理は微分積分学において重要な定理である．ここでは，応用として $f'(x)$ の符号（正負）と $f(x)$ の増減の関係を示す次の定理を述べておこう．

> **定理 2.15** $f(x)$ を開区間 (a,b) で微分可能な関数とする.
> (1) 任意の x $(a<x<b)$ において $f'(x)>0$ (または $f'(x)<0$) となるならば, $f(x)$ は単調増加関数 (または単調減少関数) である.
> (2) 任意の x $(a<x<b)$ において $f'(x)\geq 0$ (または $f'(x)\leq 0$) となるならば, $f(x)$ は単調非減少関数 (または単調非増加関数) である.

証明 任意の x $(a<x<b)$ において $f'(x)>0$ が成り立つとしよう.

$a<x_1<x_2<b$ とするとき, 平均値の定理により $f(x_2)-f(x_1)=f'(c)(x_2-x_1)$ となる c $(x_1<c<x_2)$ が存在し, $f'(c)>0$ だから

$$f(x_2)-f(x_1)=f'(c)(x_2-x_1)>0$$

となる. よって $f(x)$ は単調増加関数である.

他の場合も同様に示せる. ■

2.4.3 ロピタルの定理

$\lim_{x\to a}f(x)=0$, $\lim_{x\to a}g(x)=0$ のとき, $\lim_{x\to a}\dfrac{f(x)}{g(x)}$ は**不定形の極限値**と呼ばれる. 不定形の極限値の計算で用いられる定理 (ロピタルの定理) を示すために, 平均値の定理 (定理 2.13) を次のように一般化する.

> **定理 2.16** (**コーシーの平均値の定理**) $f(x)$, $g(x)$ を閉区間 $[a,b]$ で連続, 開区間 (a,b) で微分可能な関数とする. さらに, $g(a)\neq g(b)$ かつ任意の x $(a<x<b)$ において $g'(x)\neq 0$ であるとする.
> このとき,
> $$\frac{f(b)-f(a)}{g(b)-g(a)}=\frac{f'(c)}{g'(c)}$$
> となる c $(a<c<b)$ が存在する.

上の定理は $F(x)=f(x)-f(a)-\dfrac{f(b)-f(a)}{g(b)-g(a)}(g(x)-g(a))$ に対して

ロルの定理を用いることによって証明できる.

> **定理 2.17 (ロピタルの定理)** $f(x)$, $g(x)$ は次の条件をみたすものとする.
> (i) 区間 (a,b) で微分可能な関数である.
> (ii) $\lim_{x \to a+0} f(x) = \lim_{x \to a+0} g(x) = 0$ が成り立つ.
> (iii) $\lim_{x \to a+0} \dfrac{f'(x)}{g'(x)}$ が存在する.
>
> このとき
> $$\lim_{x \to a+0} \frac{f(x)}{g(x)} = \lim_{x \to a+0} \frac{f'(x)}{g'(x)}$$
> が成り立つ.

✓ **注意** ロピタルの定理は
(1) (ii) を $\lim_{x \to a+0} |f(x)| = \lim_{x \to a+0} |g(x)| = \infty$ に変えても
(2) (ii) および (iii) の $x \to a+0$ を $x \to a$, $x \to a-0$, $x \to \infty$, $x \to -\infty$ のうちのどれかに変えても

成り立つことが知られている.

証明 (必要ならば $f(a)$, $g(a)$ の値を 0 に変えて) $f(a) = g(a) = 0$ とする. 仮定から

$$\lim_{x \to a+0} f(x) = 0 = f(a), \quad \lim_{x \to a+0} g(x) = 0 = g(a)$$

となり, $f(x)$, $g(x)$ はコーシーの平均値の定理の仮定をみたす. コーシーの平均値の定理によって

$$\frac{f(x)}{g(x)} = \frac{f(x) - f(a)}{g(x) - g(a)} = \frac{f'(c)}{g'(c)}$$

となる c ($a < c < x$) が存在する. $x \to a+0$ のとき, $c \to a+0$ となるから

が成り立つ：
$$\lim_{x \to a+0} \frac{f(x)}{g(x)} = \lim_{c \to a+0} \frac{f'(c)}{g'(c)}$$
が成り立つ． ■

例 2.8 (1) $f(x) = x$, $g(x) = e^x$ とすると $\lim_{x \to \infty} f(x) = \lim_{x \to \infty} g(x) = \infty$ である．$\lim_{x \to \infty} \frac{f'(x)}{g'(x)} = \lim_{x \to \infty} \frac{1}{e^x} = 0$ だから

$$\lim_{x \to \infty} \frac{x}{e^x} = \lim_{x \to \infty} \frac{f(x)}{g(x)} = \lim_{x \to \infty} \frac{f'(x)}{g'(x)} = 0$$

が成り立つ．同様の議論をくり返せば，正の整数 n に対して

$$\lim_{x \to \infty} \frac{x^n}{e^x} = 0$$

となることもわかる．

(2) $f(x) = \log|x|$, $g(x) = 1/x$ とすると $\lim_{x \to 0} |f(x)| = \lim_{x \to 0} |g(x)| = \infty$ である．$\lim_{x \to 0} \frac{f'(x)}{g'(x)} = \lim_{x \to 0} \frac{1/x}{-1/x^2} = \lim_{x \to 0} (-x) = 0$ だから

$$\lim_{x \to 0} x \log|x| = \lim_{x \to 0} \frac{f(x)}{g(x)} = \lim_{x \to 0} \frac{f'(x)}{g'(x)} = 0$$

が成り立つ． ◆

演習問題 2.4

2.4.1 次の関数の増減を調べて極値を求めよ．

(1) $y = x^3 - 3x^2 + 3x$ (2) $y = \dfrac{x}{3x^2 + 2}$

(3) $y = \sqrt{2}x - \sin 2x$ (4) $y = e^{-x^2}$

2.4.2 次の極限値を求めよ．

(1) $\displaystyle\lim_{x\to 0}\frac{x-\tan^{-1}x}{x^3}$ (2) $\displaystyle\lim_{x\to\infty}\frac{(\log x)^2}{x}$

2.4.3 極限値 $\displaystyle\lim_{x\to 1}x^{\frac{1}{1-x}}$ を次の手順で求めよ．

(1) $\displaystyle\lim_{x\to 1}\frac{\log x}{1-x}$ を求めよ．

(2) $y=x^{\frac{1}{1-x}}$ とおくとき $y=\exp\left(\dfrac{1}{1-x}\log x\right)$ を示せ．

(3) $\displaystyle\lim_{x\to 1}x^{\frac{1}{1-x}}$ を求めよ．

2.5 テイラーの定理

2.5.1 高次導関数

関数 $f(x)$ の導関数 $f'(x)$ が微分可能であるとき，$f(x)$ は **2 回微分可能**であるという．このとき，$\{f'(x)\}'$ を $f''(x)$ とも書いて $f(x)$ の**第 2 次導関数**という．$f''(x)$ が微分可能であるとき，$f(x)$ は **3 回微分可能**であるといい，$f(x)$ の**第 3 次導関数** $f'''(x)$ が定められる．

一般に $y=f(x)$ を n 回くり返して微分することができるとき，$f(x)$ は **n 回微分可能**であるという．$f(x)$ を n 回くり返し微分して得られる関数を $f(x)$ の**第 n 次導関数**といい

$$f^{(n)}(x),\quad y^{(n)},\quad \frac{d^n f}{dx^n}(x),\quad \frac{d^n y}{dx^n}$$

などで表す．

$f^{(n)}(x)$ が存在して連続である関数 $f(x)$ を **C^n 級関数**という．また，連続関数を C^0 級関数ともいい，何回でも微分できる関数を C^∞ 級関数という．定理 2.1 により，$n+1$ 回微分できる関数は C^n 級関数である．

例 2.9 (1) α を実数とする．$y=(x+1)^\alpha\ (x>-1)$ は C^∞ 級関数で

$$y' = \alpha(x+1)^{\alpha-1}, \quad y'' = \alpha(\alpha-1)(x+1)^{\alpha-2}, \quad \cdots,$$
$$y^{(n)} = \alpha(\alpha-1)(\alpha-2)\cdots(\alpha-(n-1))(x+1)^{\alpha-n}, \quad \cdots$$

である.

(2) $y = e^x$ は C^∞ 級関数で
$$y' = e^x, \quad y'' = e^x, \quad \cdots, \quad y^{(n)} = e^x, \quad \cdots$$
である.

(3) $y = \sin x$ は C^∞ 級関数で
$$y' = \cos x, \quad y'' = -\sin x, \quad \cdots, \quad y^{(n)} = \sin\left(x + \frac{n\pi}{2}\right), \quad \cdots$$
である.

(4) $y = \log(x+1) \ (x > -1)$ は C^∞ 級関数で
$$y' = \frac{1}{x+1}, \quad y'' = -\frac{1}{(x+1)^2}, \quad y''' = \frac{2}{(x+1)^3}, \quad \cdots,$$
$$y^{(n)} = (-1)^{n-1}\frac{(n-1)!}{(x+1)^n}, \quad \cdots$$

である. ◆

2.5.2 テイラーの定理

定理 2.18（テイラーの定理） $f(x)$ を，$x = a$ を含む開区間 I で定義された C^n 級関数とする．I の任意の点 x に対して

$$f(x) = f(a) + f'(a)(x-a) + \frac{1}{2!}f''(a)(x-a)^2 + \cdots$$
$$+ \frac{1}{(n-1)!}f^{(n-1)}(a)(x-a)^{n-1} + R_n, \quad (2.17)$$

$$R_n = \frac{1}{n!}f^{(n)}(a + \theta(x-a))(x-a)^n$$

をみたす $\theta \ (0 < \theta < 1)$ が存在する．

(2.17) の R_n を**剰余項**という．

証明 $a < x$ の場合について示す.

x を I 内の固定された点とする.K を定数として,t の関数 $F(t)$ を

$$F(t) = f(x) - \left\{ f(t) + \frac{f'(t)}{1!}(x-t) + \frac{1}{2!}f''(t)(x-t)^2 + \cdots \right.$$
$$\left. + \frac{1}{(n-1)!} f^{(n-1)}(t)(x-t)^{n-1} \right\}$$
$$- K(x-t)^n \qquad (2.18)$$

で定める.ここで,x は定数で t が変数であることに注意しよう.

明らかに $F(x) = 0$ である.$F(a) = 0$ とすると (2.18) は K の 1 次方程式になるから,その解をあらためて K とする.このとき $F(a) = F(x) = 0$ で $F(t)$ はロルの定理の仮定をみたす関数となる.$F'(t)$ を計算すると

$$F'(t) = -f'(t) - \frac{1}{1!}(f''(t)(x-t) - f'(t))$$
$$- \frac{1}{2!}(f^{(3)}(t)(x-t)^2 - 2f''(t)(x-t))$$
$$\cdots$$
$$- \frac{1}{(n-1)!} \{ f^{(n)}(t)(x-t)^{n-1} - (n-1)f^{(n-1)}(t)(x-t)^{n-2} \}$$
$$+ nK(x-t)^{n-1}$$
$$= -\left\{ \frac{1}{(n-1)!} f^{(n)}(t)(x-t)^{n-1} - nK(x-t)^{n-1} \right\}$$

である.ロルの定理により $F'(c) = 0$ となる c が a と x の間に存在する.$F'(c) = 0$ から $K = \dfrac{f^{(n)}(c)}{n!}$ となる.c は a と x の間にある数だから $c = a + \theta(x-a)$ となる実数 θ $(0 < \theta < 1)$ が存在する.(2.18) の t を a に置き換えれば $F(a) = 0$ から (2.17) を得る.■

テイラーの定理の a を $a = 0$ とした次の定理もよく用いられる.

> **定理 2.19**（マクローリンの定理）　$f(x)$ を，$x=0$ を含む開区間 I で定義された C^n 級関数とする．I の任意の点 x に対して
> $$f(x) = f(0) + f'(0)x + \frac{1}{2!}f''(0)x^2 + \cdots$$
> $$+ \frac{1}{(n-1)!}f^{(n-1)}(0)x^{n-1} + R_n \quad (2.19)$$
> $$R_n = \frac{1}{n!}f^{(n)}(\theta x)x^n$$
> をみたす $\theta\,(0 < \theta < 1)$ が存在する．

(2.19) の R_n を**剰余項**という．

代表的な関数にマクローリンの定理を適用した式は覚えておくと有用である．

例 2.10　例 2.9 で高次導関数を求めた関数にマクローリンの定理を当てはめた式をあげておこう．

(1)　α を 0 でない実数とし $x > -1$ とするとき

$$(1+x)^\alpha = 1 + \alpha x + \frac{\alpha(\alpha-1)}{2!}x^2 + \cdots + \frac{\alpha(\alpha-1)\cdots(\alpha-n+2)}{(n-1)!}x^{n-1}$$
$$+ \frac{\alpha(\alpha-1)\cdots(\alpha-n+1)}{n!}(1+\theta x)^{\alpha-n}x^n \quad (2.20)$$

となる $\theta\,(0 < \theta < 1)$ が存在する．上の展開式中の係数を

$$\binom{\alpha}{k} = \frac{\alpha(\alpha-1)\cdots(\alpha-k+1)}{k!}$$

と書いて**二項係数**という．

(2)　$$e^x = 1 + x + \frac{1}{2!}x^2 + \cdots + \frac{1}{(n-1)!}x^{n-1} + \frac{1}{n!}e^{\theta x}x^n \quad (2.21)$$

となる $\theta\,(0 < \theta < 1)$ が存在する．

(3) $\sin x = x - \dfrac{1}{3!}x^3 + \dfrac{1}{5!}x^5 - \cdots + \dfrac{(-1)^{n-1}}{(2n-1)!}x^{2n-1}$
$$+ \dfrac{(-1)^n}{(2n+1)!}\cos(\theta x)x^{2n+1} \qquad (2.22)$$

となる θ $(0 < \theta < 1)$ が存在する．

(4) $x > -1$ とする．

$$\log(x+1) = x - \dfrac{1}{2}x^2 + \dfrac{1}{3}x^3 - \cdots + \dfrac{(-1)^{n-2}}{n-1}x^{n-1} + \dfrac{(-1)^{n-1}}{n(1+\theta x)^n}x^n \qquad (2.23)$$

となる θ $(0 < \theta < 1)$ が存在する．◆

関数の積 $f(x)g(x)$ に対する高次の導関数を考える．

定理 2.20 (**ライプニッツの公式**) n を自然数とし，関数 $f(x)$, $g(x)$ を n 回微分可能な関数とする．このとき，

$$\{f(x)g(x)\}^{(n)} = \sum_{i=0}^{n} {}_nC_i\, f^{(n-i)}(x)\, g^{(i)}(x) \qquad (2.24)$$

が成り立つ．

証明 数学的帰納法を用いて示す．

$n = 1$ のとき，(2.24) は成立する（積の微分の公式である）．

自然数 n に対して (2.24) が成立することを仮定すると

$$\{f(x)g(x)\}^{(n+1)} = \left\{\sum_{i=0}^{n} {}_nC_i\, f^{(n-i)}(x)\, g^{(i)}(x)\right\}'$$
$$= \sum_{i=0}^{n} {}_nC_i \{f^{(n-i+1)}(x)\, g^{(i)}(x) + f^{(n-i)}(x)\, g^{(i+1)}(x)\} \qquad (2.25)$$

となる．$f^{(n-i)}(x)\, g^{(i+1)}(x)$ の和を，$j = i + 1$ として書き直すと

$$\sum_{i=0}^{n} {}_nC_i\, f^{(n-i)}(x)\, g^{(i+1)}(x) = \sum_{j=1}^{n+1} {}_nC_{j-1}\, f^{(n+1-j)}(x)\, g^{(j)}(x)$$

となり，$_{n+1}C_0 = {}_{n+1}C_{n+1} = 1$ および $i = 1, 2, \cdots, n$ に対して，${}_nC_i + {}_nC_{i-1} = {}_{n+1}C_i$ が成り立つことに注意すれば

$$((2.25) \text{の右辺}) = \sum_{i=0}^{n} {}_nC_i f^{(n+1-i)}(x) g^{(i)}(x) + \sum_{j=1}^{n+1} {}_nC_{j-1} f^{(n+1-j)}(x) g^{(j)}(x)$$

$$= f^{(n+1)}(x) g(x) + \sum_{i=1}^{n} ({}_nC_i + {}_nC_{i-1}) f^{(n+1-i)}(x) g^{(i)}(x)$$

$$+ f(x) g^{(n+1)}(x)$$

$$= \sum_{i=0}^{n+1} {}_{n+1}C_i f^{(n+1-i)}(x) g^{(i)}(x)$$

となり，$n+1$ に対しても (2.24) が成り立つことがわかる．

よって (2.24) がすべての自然数 n に対して成り立つことが示された． ■

例題 2.5 $x^2 e^x$ の第 3 次導関数を求めよ．

解答 $x^2 e^x$ は $f(x) = x^2$，$g(x) = e^x$ の積で
$$f'(x) = 2x, \quad f''(x) = 2, \quad f^{(3)}(x) = 0,$$
$$g'(x) = g''(x) = g^{(3)}(x) = e^x$$

だから，ライプニッツの公式 (2.24) を用いて
$$(x^2 e^x)^{(3)} = 0 \times e^x + {}_3C_1 \times 2 \times e^x + {}_3C_2 \times 2x \times e^x + x^2 \times e^x$$
$$= 6e^x + 6xe^x + x^2 e^x$$

となる． ◆

演習問題 2.5

2.5.1 次の関数の第 n 次導関数を求めよ．
  (1) $y = x^3 - 3x^2 + 3x$ 　(2) $y = x^2 - \sin 2x$
  (3) $y = x^3 e^x$ 　(4) $y = x^2 \sin x$

2.5.2 マクローリンの定理を次の関数に当てはめた式を書け．
  (1) $y = \dfrac{1}{1-x}$ 　(2) $y = \log(1-x)$ 　(3) $y = \cos x$
  (4) $y = \sqrt{1+x}$

2.5.3 $x = t - \sin t$, $y = 1 - \cos t$ で定められる関数 $y = y(x)$ の $\dfrac{d^2y}{dx^2}$ を求めよ.

2.6 テイラー級数

2.6.1 近似式と誤差の評価

$f(x)$ を $x = a$ の近くで定義された C^n 級関数とする.

(2.17) の右辺から剰余項を取り除いた $x - a$ の多項式

$$f(a) + f'(a)(x - a) + \frac{1}{2!}f''(a)(x - a)^2 + \cdots$$
$$+ \frac{1}{(n-1)!}f^{(n-1)}(a)(x - a)^{n-1}$$

は,$f(x)$ の近似式であり,剰余項は近似の誤差である.

例えば,$\sin x$ にマクローリンの定理を当てはめた (2.22) から近似式

$$\sin x \approx x - \frac{x^3}{3!}$$

$$\sin x \approx x - \frac{x^3}{3!} + \frac{x^5}{5!}$$

などが得られる.ここで $\approx$ は両辺の値がほぼ等しいことを表す記号である.

次に,上の近似式の誤差を評価してみよう.

例題 2.6 $\sin x$ にマクローリンの定理を当てはめた (2.22) を用いて $|x| < \pi/2$ のとき,

$$\left|\sin x - \left(x - \frac{x^3}{3!}\right)\right| \leq 0.08,$$

$$\left|\sin x - \left(x - \frac{x^3}{3!} + \frac{x^5}{5!}\right)\right| \leq 0.0047$$

が成り立つことを示せ.

解答 $\sin x$ に, $n = 5$ としてマクローリンの定理 (2.19) を用いると

$$\left|\sin x - \left(x - \frac{1}{3!}x^3\right)\right| = \left|\frac{\cos(\theta x)}{5!}\right||x|^5$$

となる. ここで $\left|\dfrac{\cos(\theta x)}{5!}\right| \leq \dfrac{1}{5!}$ と $|x| \leq \dfrac{\pi}{2} < \dfrac{3.142}{2} = 1.571$ を用いると

$$\left|\sin x - \left(x - \frac{1}{3!}x^3\right)\right| < \frac{1}{5!}(1.571)^5 < 0.08$$

となる.

$n = 7$ としてマクローリンの定理 (2.19) を用いて同様の議論を行えば

$$\left|\sin x - \left(x - \frac{x^3}{3!} + \frac{x^5}{5!}\right)\right| = \left|\frac{\cos(\theta x)}{7!}x^7\right| < \frac{1}{7!}(1.571)^7 < 0.0047$$

となる. ◆

$y = \sin x$, $y = x - x^3/3!$, $y = x - x^3/3! + x^5/5!$ のグラフを描くと次の図 2.9 のようになる.

上の例題から, $\sin x$ に, (2.19) から剰余項を取り除いて得られる多項式

$$P_n(x) = x - \frac{1}{3!}x^3 + \cdots + \frac{(-1)^{n-1}}{(2n-1)!}x^{2n-1}$$

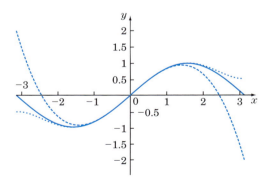

図 2.9 実線は $y = \sin x$, 破線は $y = x - x^3/3!$, 点線は $y = x - x^3/3! + x^5/5!$ のグラフ

を $\sin x$ の近似式として用いるときの誤差
$$|\sin x - P_n(x)|$$
は，n を大きくすれば十分に小さくなることがわかるであろう．

このような考察は一般に，マクローリンの定理 (定理 2.19) の右辺から剰余項を取り除いて得られる多項式

$$f(0) + \frac{1}{1!}f'(0)x + \frac{1}{2!}f''(0)x^2 + \cdots$$
$$+ \frac{1}{(n-1)!}f^{(n-1)}(0)x^{n-1} \qquad (2.26)$$

を $f(x)$ の近似式として用いるときにも，さらにテイラーの定理 (2.17) の右辺から剰余項を取り除いて得られる式

$$f(a) + f'(a)(x-a) + \frac{1}{2!}f''(a)(x-a)^2 + \cdots$$
$$+ \frac{1}{(n-1)!}f^{(n-1)}(a)(x-a)^{n-1} \qquad (2.27)$$

を $f(x)$ の近似式として用いるときにも役に立つ．

(2.27) は $x - a = t$ とおくと t の多項式

$$f(a) + f'(a)t + \frac{1}{2!}f''(a)t^2 + \cdots + \frac{1}{(n-1)!}f^{(n-1)}(a)t^{n-1}$$

となるから，(2.27) を $x - a$ の $n - 1$ 次多項式ということがある．(2.26) や (2.27) は，複雑な関数 $f(x)$ を扱いやすい多項式で近似する式であり，非常に重要な式である．

2.6.2 テイラー級数展開

a を定数とする．無限和

$$a_0 + a_1(x-a) + a_2(x-a)^2 + \cdots$$
$$+ a_n(x-a)^n + \cdots \qquad (2.28)$$

を，$x = a$ を中心とする**べき級数**という．x に対して (2.28) が収束するとき，x に (2.28) の和を対応させることにより関数が定まる．

$\sum_{i=0}^{n} \frac{f^{(i)}(0)}{i!} x^i$ は,$n \to \infty$ のとき $f(x)$ に収束すると予想される(例題 2.6 参照).一般に次が成り立つ.

> **定理 2.21**(マクローリン級数展開) r を正の数とし,$f(x)$ を $|x| < r$ で定義された C^∞ 級関数とする.すべての自然数 n とすべての実数 x ($|x| < r$) に対して
> $$|f^{(n)}(x)| \leq K$$
> となる K が存在するとき
> $$f(x) = f(0) + f'(0)x + \frac{1}{2!}f''(0)x^2 + \cdots$$
> $$+ \frac{1}{n!}f^{(n)}(0)x^n + \cdots \quad (2.29)$$
> が成り立つ.

(2.29) の右辺を,$f(x)$ の**マクローリン級数**という.

基本的な関数のマクローリン級数をあげておこう.

例 2.11 (1) $f(x) = e^x$ とすると $|x| < L$ において $|f^{(n)}(x)| < e^L$ である.定理 2.21 により e^x は $|x| < L$ においてマクローリン級数に展開されるが,L は任意だからすべての x に対して

$$e^x = 1 + x + \frac{1}{2!}x^2 + \cdots + \frac{1}{(n-1)!}x^{n-1} + \frac{1}{n!}x^n + \cdots \quad (2.30)$$

が成り立つ.

(2) $f(x) = \sin x$ のとき $|f^{(n)}(x)| \leq 1$ となり定理 2.21 の仮定がみたされる.すべての x に対して

$$\sin x = x - \frac{1}{3!}x^3 + \frac{1}{5!}x^5 - \cdots + \frac{(-1)^{n-1}}{(2n-1)!}x^{2n-1}$$
$$+ \frac{(-1)^n}{(2n+1)!}x^{2n+1} + \cdots \quad (2.31)$$

となる.

(3) (2)と同様にして，すべての x に対して

$$\cos x = 1 - \frac{1}{2!}x^2 + \frac{1}{4!}x^4 - \cdots + \frac{(-1)^{n-1}}{(2n-2)!}x^{2n-2}$$
$$+ \frac{(-1)^n}{(2n)!}x^{2n} + \cdots \quad (2.32)$$

となることがわかる．

(4) $|x| < 1$ において

$$\log(1+x) = x - \frac{1}{2}x^2 + \frac{1}{3}x^3 - \cdots + \frac{(-1)^n}{n-1}x^{n-1}$$
$$+ \frac{(-1)^{n+1}}{n}x^n + \cdots \quad (2.33)$$

となることを示すことができる．◆

テイラーの定理を用いて次を示すことができる．

定理 2.22（テイラー級数展開） r を正の数とし，$f(x)$ を $|x-a|<r$ で定義された C^∞ 級関数とする．すべての自然数 n とすべての実数 x（$|x-a|<r$）に対して

$$|f^{(n)}(x)| \leq K$$

となる K が存在するとき

$$f(x) = f(a) + f'(a)(x-a) + \frac{1}{2!}f''(a)(x-a)^2 + \cdots$$
$$+ \frac{1}{n!}f^{(n)}(a)(x-a)^n + \cdots \quad (2.34)$$

が成り立つ．

2.6.3 オイラーの公式

i を虚数単位とする．

指数関数のテイラー級数展開 (2.30) で $x = i\theta$（$\theta \in \mathbf{R}$）としてみると

$$e^{i\theta} = 1 + i\theta + \frac{1}{2!}(i\theta)^2 + \frac{1}{3!}(i\theta)^3 + \frac{1}{4!}(i\theta)^4 + \frac{1}{5!}(i\theta)^5 + \cdots$$
$$= \left(1 - \frac{1}{2!}\theta^2 + \frac{1}{4!}\theta^4 - \cdots\right) + i\left(\theta - \frac{1}{3!}\theta^3 + \frac{1}{5!}\theta^5 - \cdots\right)$$

となる．三角関数のテイラー級数展開 (2.31)，(2.32) を用いると次を得る．

> **定理 2.23**（オイラーの公式）
> $$e^{i\theta} = \cos\theta + i\sin\theta$$

次に $\theta = \alpha + \beta$ とすると

$$e^{i(\alpha+\beta)} = \cos(\alpha+\beta) + i\sin(\alpha+\beta)$$
$$= (\cos\alpha\cos\beta - \sin\alpha\sin\beta) + i(\sin\alpha\cos\beta + \cos\alpha\sin\beta)$$

となる．一方

$$e^{i\alpha}e^{i\beta} = (\cos\alpha + i\sin\alpha)(\cos\beta + i\sin\beta)$$
$$= (\cos\alpha\cos\beta - \sin\alpha\sin\beta) + i(\sin\alpha\cos\beta + \cos\alpha\sin\beta)$$

も成り立つから

$$e^{i(\alpha+\beta)} = e^{i\alpha}e^{i\beta} \qquad (\alpha, \beta \in \mathbf{R}) \qquad (指数法則)$$

が成り立つ．

オイラーの公式を数学的に厳密に理解するためには複素関数論（複素変数の複素数値関数についての体系的な知識）が必要である．

演習問題 2.6

2.6.1 次の関数のマクローリン級数を求めよ．

(1) e^{1+x} (2) $\sinh x$ (3) $\dfrac{1}{1-2x}$ (4) $\log(1-x)$

(5) $\log\dfrac{1+x}{1-x}$

2.6.2 $|x| \leq 0.5$ のとき，$\left|\cos x - \left(1 - \dfrac{x^2}{2}\right)\right| \leq 0.003$ が成り立つことを示せ．

2.6.3 オイラーの公式と指数法則 $e^{3x} = (e^x)^3$ を用いて三角関数の 3 倍角の公式を導け．

2.6.4 次を示せ．
$$\cos x = \frac{e^{ix} + e^{-ix}}{2}, \quad \sin x = \frac{e^{ix} - e^{-ix}}{2i}.$$

2.7 テイラーの定理の応用

2.7.1 極 値

関数 $f(x)$ を，開区間 I で定義された C^2 級関数とする．I の点 a において
$$f'(a) = 0, \quad f''(a) > 0$$
であるとする．$f''(x)$ は連続関数だから，開区間 $(a-r, a+r)$ において $f''(x)$ が常に正の値をとるように正数 r を選ぶことができる．$(a-r, a+r)$ において $f'(x)$ は単調増加関数で $f'(a) = 0$ だから

- $a - r < x < a$ において，$f'(x) < 0$ で $f(x)$ は単調減少関数となり，
- $a < x < a + r$ において，$f'(x) > 0$ で $f(x)$ は単調増加関数となる．

以上のことから $f(x)$ は $x = a$ において極小値をとる．

$f'(a) = 0,\ f''(a) < 0$ のときも同様に議論することができる．

> **定理 2.24** $f(x)$ を $x = a$ を含む開区間で定義された C^2 級関数とする．このとき
> (1) $f'(a) = 0, f''(a) > 0$ ならば，$f(x)$ は $x = a$ において極小値をとる．
> (2) $f'(a) = 0, f''(a) < 0$ ならば，$f(x)$ は $x = a$ において極大値をとる．

定理 2.24 は，テイラーの定理を用いて次のように一般化できる．

> **定理 2.25** $f(x)$ を $x = a$ を含む開区間で定義された C^n 級関数とし,
> $$f'(a) = f''(a) = \cdots = f^{(n-1)}(a) = 0, \quad f^{(n)}(a) \neq 0$$
> が成り立つとする.
> (1) n が偶数のとき
>   (i) $f^{(n)}(a) > 0$ ならば $f(x)$ は $x = a$ において極小値をとる.
>   (ii) $f^{(n)}(a) < 0$ ならば $f(x)$ は $x = a$ において極大値をとる.
> (2) n が奇数のとき $f(a)$ は $f(x)$ の極値ではない.

証明 (1)のみ示す. テイラーの定理 (2.17) によって

$$f(x) - f(a) = \frac{1}{n!} f^{(n)}(a + \theta(x-a))(x-a)^n \tag{2.35}$$

となる θ $(0 < \theta < 1)$ が存在する.

n が偶数で $f^{(n)}(a) > 0$ とする. $f^{(n)}(a) = 2K$ とおくとき, $f^{(n)}(x)$ は連続関数だから, $(a-r, a+r)$ において $f^{(n)}(x) > K$ となる正数 r が存在する. (2.35) により

$$f(x) - f(a) = \frac{1}{n!} f^{(n)}(a + \theta(x-a))(x-a)^n \geq \frac{K}{n!}(x-a)^n \geq 0$$

となる. ここで等号が成り立つのは $x = a$ のときだけだから, $f(x)$ は $x = a$ において極小値をとる.

$f^{(n)}(a) < 0$ のときも同様に示せる. ∎

例題 2.7 $f(x) = x^3(e^x - 1)$ が, $x = 0$ において極値をとるかどうか調べよ.

解答
$$f'(x) = x^3 e^x + 3x^2 e^x - 3x^2,$$
$$f''(x) = x^3 e^x + 6x^2 e^x + 6x e^x - 6x,$$
$$f'''(x) = x^3 e^x + 9x^2 e^x + 18x e^x + 6e^x - 6,$$

$$f^{(4)}(x) = x^3 e^x + 12x^2 e^x + 36xe^x + 24e^x,$$

となり，$f'(0) = f''(0) = f'''(0) = 0$, $f^{(4)}(0) = 24$ である．したがって，$f(x)$ は $x = 0$ において極小値をとる．◆

2.7.2 微分とグラフの凹凸

$f(x)$ を開区間 I で定義された関数とする（図 2.10）．I の任意の 3 点 x_1, x_2, x_3 ($x_1 < x_2 < x_3$) において，

$$\frac{f(x_2) - f(x_1)}{x_2 - x_1} \leq \frac{f(x_3) - f(x_2)}{x_3 - x_2} \tag{2.36}$$

が成り立つとき，$f(x)$ は**下に凸**であるという．(2.36) において不等号の向きが逆の「$\geq$」であるとき，$f(x)$ は**上に凸**であるという．

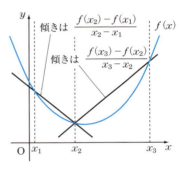

図 2.10

例 2.12 (1) $f(x) = x^2$ は $\boldsymbol{R}$ 全体で下に凸な関数である．実際，$x_1 < x_2 < x_3$ に対して，

$$\frac{f(x_2) - f(x_1)}{x_2 - x_1} = \frac{x_2^2 - x_1^2}{x_2 - x_1} = x_2 + x_1$$

$$\leq x_3 + x_2 = \frac{x_3^2 - x_2^2}{x_3 - x_2} = \frac{f(x_3) - f(x_2)}{x_3 - x_2}$$

である．

(2) $f(x) = |x|$ は $\boldsymbol{R}$ 全体で下に凸な関数である．$x_1 \leq 0 < x_2 < x_3$ の場合で示しておく．$x_1 \leq 0 < x_2$ であるから $x_2 + x_1 \leq x_2 - x_1$ であることと

$0 < x_2 < x_3$ に注意すると,

$$\frac{f(x_2) - f(x_1)}{x_2 - x_1} = \frac{|x_2| - |x_1|}{x_2 - x_1} = \frac{x_2 + x_1}{x_2 - x_1}$$

$$\leq 1 = \frac{x_3 - x_2}{x_3 - x_2} = \frac{f(x_3) - f(x_2)}{x_3 - x_2}$$

である.他の場合も同様に考えられる.◆

✓ **注意** 例 2.12 の (2) からわかる通り,微分可能でない関数でも凸になり得ることに注意する.

まず,関数の第 2 次導関数と凸性の関係を与える.

> **定理 2.26** I を開区間とする.$f(x)$ を I で 2 回微分可能な関数とする.
> (1) すべての $x \in I$ に対して,$f''(x) > 0$ のとき,$f(x)$ は下に凸である.
> (2) すべての $x \in I$ に対して,$f''(x) < 0$ のとき,$f(x)$ は上に凸である.

証明 (1) のみ示す.

$x_1, x_2, x_3 \ (x_1 < x_2 < x_3)$ を I の任意の 3 点とする.平均値の定理により

$$\frac{f(x_2) - f(x_1)}{x_2 - x_1} = f'(\xi_1), \quad \frac{f(x_3) - f(x_2)}{x_3 - x_2} = f'(\xi_2)$$

となる $\xi_1, \xi_2 \ (x_1 < \xi_1 < x_2 < \xi_2 < x_3)$ が存在する.$f'(x)$ に対して平均値の定理を用いると

$$\frac{f'(\xi_2) - f'(\xi_1)}{\xi_2 - \xi_1} = f''(\xi) > 0$$

となる $\xi \ (\xi_1 < \xi < \xi_2)$ が存在するから $f'(\xi_1) < f'(\xi_2)$ となり

$$\frac{f(x_2) - f(x_1)}{x_2 - x_1} < \frac{f(x_3) - f(x_2)}{x_3 - x_2}$$

となる.すなわち $f(x)$ は下に凸である.■

次に，関数の凸性と接線の関係を与える．

> **定理 2.27** $f(x)$ を開区間 $I = (a, b)$ で定義された微分可能で下（または上）に凸な関数とする．$c \in I$ とし，曲線 $y = f(x)$ の点 $(c, f(c))$ における接線を ℓ とすると，$f(x)$ は区間 I で ℓ より上（または下）にある．

証明 c における接線の方程式は，$y = f'(c)(x - c) + f(c)$ で与えられた．$x = c$ のときは，曲線 $y = f(x)$ と接線 ℓ は一致する．

$x > c$ のとき，下に凸であることから，

$$f'(c) = \lim_{h \to -0} \frac{f(c+h) - f(c)}{h} \leq \frac{f(x) - f(c)}{x - c}$$

が成り立ち，移項をすると，

$$f'(c)(x - c) + f(c) \leq f(x)$$

となるため，曲線 $y = f(x)$ の方が接線 ℓ より上にあることがわかる．

$x < c$ のときも同様に示すことができる． ∎

2.7.3 増 減 表

ここでは，定理 2.15 で学んだ「第 1 次導関数の正負と増減」と定理 2.26 で学んだ「第 2 次導関数の正負と凹凸」の関係を用いて，与えられた関数のグラフの概形を考える．

> **例題 2.8** $f(x) = xe^{-x^2}$ とし曲線 $y = f(x) = xe^{-x^2}$ を C とする．$f(x)$ の極値および C の凹凸を調べて C の概形を描け．

解答 $f(x)$ の導関数は

$$f'(x) = (1 - 2x^2)e^{-x^2}$$

で，$f'(x) = 0$ となるのは $x = \pm\dfrac{\sqrt{2}}{2}$ のときである．定理 2.15 より，

$x < -\dfrac{\sqrt{2}}{2}$, $\dfrac{\sqrt{2}}{2} < x$ のとき $f'(x) < 0$ となるから $f(x)$ は単調減少であり，$-\dfrac{\sqrt{2}}{2} < x < \dfrac{\sqrt{2}}{2}$ のとき $f'(x) > 0$ となるから $f(x)$ は単調増加である．

第 2 次導関数は
$$y'' = 2x(2x^2 - 3)e^{-x^2}$$
であり，$f''(x) = 0$ となるのは $x = 0, \pm\dfrac{\sqrt{6}}{2}$ である．定理 2.26 より，$-\dfrac{\sqrt{6}}{2} < x < 0$, $\dfrac{\sqrt{6}}{2} < x$ で $y'' > 0$ であるからこの区間で $f(x)$ は下に凸であり，$x < -\dfrac{\sqrt{6}}{2}$, $0 < x < \dfrac{\sqrt{6}}{2}$ で $y'' < 0$ であるからこの区間で $f(x)$ は上に凸である．$x = 0, \pm\dfrac{\sqrt{6}}{2}$ の前後で C の凹凸は変化する．

$x = -\dfrac{\sqrt{2}}{2}$ で $f'\left(-\dfrac{\sqrt{2}}{2}\right) = 0$, $f''\left(-\dfrac{\sqrt{2}}{2}\right) > 0$ であるから，定理 2.24 より，$f(x)$ は，$x = -\dfrac{\sqrt{2}}{2}$ で極小値 $f\left(-\dfrac{\sqrt{2}}{2}\right) = -\dfrac{\sqrt{2}}{2}e^{-\frac{1}{2}}$ をとる．同様に，$x = \dfrac{\sqrt{2}}{2}$ で $f'\left(\dfrac{\sqrt{2}}{2}\right) = 0$, $f''\left(\dfrac{\sqrt{2}}{2}\right) < 0$ であるから，$f(x)$ は，$x = \dfrac{\sqrt{2}}{2}$ で極大値 $f\left(\dfrac{\sqrt{2}}{2}\right) = \dfrac{\sqrt{2}}{2}e^{-\frac{1}{2}}$ をとる．

ロピタルの定理（定理 2.17）より，$\displaystyle\lim_{x\to\infty} xe^{-x^2} = \lim_{x\to-\infty} xe^{-x^2} = 0$ である．以上を表にまとめると表 2.2 になる．また，この関数 xe^{-x^2} の概形は図 2.11 のようになる． ◆

グラフの凹凸が変化する境目の点を**変曲点**という．例題 2.8 では，

表 2.2 増減表

x	$(-\infty)$	$\cdots$	$-\dfrac{\sqrt{6}}{2}$	$\cdots$	$-\dfrac{\sqrt{2}}{2}$	$\cdots$	0	$\cdots$	$\dfrac{\sqrt{2}}{2}$	$\cdots$	$\dfrac{\sqrt{6}}{2}$	$\cdots$	(∞)
y''		$-$	0	$+$	$+$	$+$	0	$-$	$-$	$-$	0	$+$	
y'		$-$	$-$	$-$	0	$+$	$+$	$+$	0	$-$	$-$	$-$	
y	(0)	↘	$-\dfrac{\sqrt{6}}{2}e^{-\frac{3}{2}}$	↘	$-\dfrac{\sqrt{2}}{2}e^{-\frac{1}{2}}$	↗	0	↗	$\dfrac{\sqrt{2}}{2}e^{-\frac{1}{2}}$	↘	$\dfrac{\sqrt{6}}{2}e^{-\frac{3}{2}}$	↘	(0)

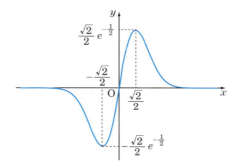

図 2.11　xe^{-x^2} のグラフ

$$\left(-\frac{\sqrt{6}}{2}, -\frac{\sqrt{6}}{2}e^{-\frac{3}{2}}\right), \quad (0,0), \quad \left(\frac{\sqrt{6}}{2}, \frac{\sqrt{6}}{2}e^{-\frac{3}{2}}\right),$$

が C の変曲点である．また，表 2.2 のように関数の増減やグラフの凹凸をまとめた表を **増減表** という．

演習問題 2.7

2.7.1　次の関数が下に凸となる x の範囲を求めよ．
　　　(1)　e^x　　(2)　$\cos x$

2.7.2　次の関数の増減，凹凸，変曲点を調べて増減表を書け．さらに，グラフの概形を描け．

(1) $x^4 - 6x^2 + 8x - 3$ (2) $\dfrac{1}{x^2+1}$

(3) $e^x \sin x$ (ただし，$0 \leq x \leq 2\pi$)

(4) $\dfrac{(\log x)^2}{x}$ (ただし，$x > 0$)

二項展開 [column]

 例 2.11 (52 ページ) で指数関数，三角関数や対数関数のマクローリン級数を見た．ここでは，例 2.10 (46 ページ) (1) をもとにしたマクローリン級数を考える．

 結論のみを述べると (2.20) において $n \to \infty$ とすることによって，すべての実数 α に対して，$|x| < 1$ ならば

$$(1+x)^\alpha = 1 + \binom{\alpha}{1}x + \binom{\alpha}{2}x^2 + \cdots + \binom{\alpha}{k}x^k + \cdots \tag{2.37}$$

が成り立つことが示せる．二項係数 $\binom{\alpha}{k}$ については 46 ページを参照．

 α が自然数 n に等しいとき二項係数 $\binom{n}{i}$ は ${}_nC_i$ となるから (2.37) は二項定理

$$(1+x)^n = 1 + {}_nC_1 x + {}_nC_2 x^2 + \cdots + x^n \tag{2.38}$$

にほかならない．また，$\alpha = -1$ とすると二項係数は

$$\binom{-1}{k} = \frac{(-1)\cdot(-2)\cdots(-k)}{k!} = (-1)^k$$

となり (2.37) は

$$\frac{1}{x+1} = 1 + (-x) + (-x)^2 + (-x)^3 + \cdots \tag{2.39}$$

となり，初項が 1 で公比が $-x$ の等比級数の和の公式である．このように

(2.37) は，二項定理と等比級数の和の公式という異質の等式を一般化するものであり**二項展開**と呼ばれている．これを発見したのはニュートンである．

本書では割愛したがべき級数の微積分の理論を学ぶと (2.33) が (2.39) から導かれることや，逆三角関数のテイラー級数

$$\tan^{-1} x = x - \frac{1}{3}x^3 + \frac{1}{5}x^5 - \cdots + (-1)^n \frac{1}{2n+1} x^{2n+1} + \cdots$$

$$\sin^{-1} x = x + \frac{1}{2}\frac{1}{3}x^3 + \cdots + \frac{1\cdot 3\cdot\cdots\cdot(2n-1)}{2\cdot 4\cdot\cdots\cdot(2n)} \frac{1}{2n+1} x^{2n+1} + \cdots$$

などが (2.37) から導かれることがわかる．

第3章 積 分 法

3.1 不定積分

3.1.1 定 義

関数 $f(x)$ に対し，$F'(x) = f(x)$ となる関数 $F(x)$ を，$f(x)$ の**原始関数**という．$F(x)$，$G(x)$ がともに $f(x)$ の原始関数であるとき

$$(G(x) - F(x))' = G'(x) - F'(x) = f(x) - f(x) = 0$$

となるから，$G(x) - F(x)$ は定数で

$$G(x) = F(x) + C \quad (C は定数)$$

である．

$f(x)$ の原始関数の全体を，$f(x)$ の**不定積分**といい

$$\int f(x)\,dx$$

で表す．$F(x)$ を $f(x)$ の原始関数の1つとすれば，C を定数として

$$\int f(x)\,dx = F(x) + C$$

である．$f(x)$ を**被積分関数**といい，C を**積分定数**という．不定積分の定義から

$$\frac{d}{dx}\int f(x)\,dx = f(x) \tag{3.1}$$

が成り立つ.

例 3.1 $(\log|x|)' = \dfrac{1}{x}$ だから $\log|x|$ は $\dfrac{1}{x}$ の原始関数であり
$$\int \frac{1}{x}\,dx = \log|x| + C$$
である. ◆

$f(x)$ の不定積分を求めることを，$f(x)$ を **積分する** という．積分定数 C はしばしば省略される.

ここで，基本的な関数の不定積分をまとめておこう．上の例からもわかるように，不定積分に関する等式 $\int f(x)\,dx = F(x)$ を示すには $F'(x) = f(x)$ を確かめればよい.

定理 3.1 α, a, A を定数とする．

(1) $\displaystyle\int x^\alpha\,dx = \dfrac{1}{\alpha+1} x^{\alpha+1} \quad (\alpha \neq -1)$

(2) $\displaystyle\int \dfrac{1}{x}\,dx = \log|x|$

(3) $\displaystyle\int \sin x\,dx = -\cos x$

(4) $\displaystyle\int \cos x\,dx = \sin x$

(5) $\displaystyle\int e^x\,dx = e^x$

(6) $\displaystyle\int a^x\,dx = \dfrac{1}{\log a} a^x \quad (a > 0,\ a \neq 1)$

(7) $\displaystyle\int \tan x\,dx = -\log|\cos x|$

(8) $\displaystyle\int \dfrac{1}{\cos^2 x}\,dx = \tan x$

(9) $\displaystyle\int \dfrac{1}{x^2+a^2}\,dx = \dfrac{1}{a}\tan^{-1}\dfrac{x}{a} \quad (a \neq 0)$

(10) $\displaystyle\int \frac{1}{a^2-x^2}\,dx = \frac{1}{2a}\log\left|\frac{x+a}{x-a}\right|$ 　　$(a \neq 0)$

(11) $\displaystyle\int \frac{1}{\sqrt{a^2-x^2}}\,dx = \sin^{-1}\frac{x}{a}$ 　　$(a > 0)$

(12) $\displaystyle\int \frac{1}{\sqrt{x^2+A}}\,dx = \log|x+\sqrt{x^2+A}\,|$ 　　$(A \neq 0)$

(13) $\displaystyle\int \sqrt{a^2-x^2}\,dx = \frac{1}{2}\left(x\sqrt{a^2-x^2}+a^2\sin^{-1}\frac{x}{a}\right)$ 　　$(a > 0)$

(14) $\displaystyle\int \sqrt{x^2+A}\,dx = \frac{1}{2}\left(x\sqrt{x^2+A}+A\log|x+\sqrt{x^2+A}\,|\right)$
　　　　　　　　　　　　　　　　　　　　　　　　　$(A \neq 0)$

不定積分は，以下に述べる不定積分の性質と，上の定理にあげた基本的な関数の不定積分を組み合わせて計算される．

定理 3.2 　a, b を定数とするとき
$$\int \{af(x)+bg(x)\}\,dx = a\int f(x)\,dx + b\int g(x)\,dx \quad (3.2)$$
が成り立つ．

証明 　(3.1) により (3.2) の右辺の導関数は
$$\frac{d}{dx}\left(a\int f(x)\,dx + b\int g(x)\,dx\right) = a\frac{d}{dx}\int f(x)\,dx + b\frac{d}{dx}\int g(x)\,dx$$
$$= af(x)+bg(x)$$
となるから，(3.2) の右辺は $af(x)+bg(x)$ の不定積分である．■

例題 3.1 　$a\,(\neq 0)$，b を定数とする．$F'(x) = f(x)$ のとき
$$\int f(ax+b)\,dx = \frac{1}{a}F(ax+b) + C \quad (3.3)$$
が成り立つことを示せ．

解答 $\dfrac{d}{dx}\left(\dfrac{1}{a}F(ax+b)\right) = \dfrac{1}{a}(ax+b)'F'(ax+b) = f(ax+b)$ だから $\dfrac{1}{a}F(ax+b)$ は $f(ax+b)$ の原始関数である． ◆

積分を，基本的な関数の積分に帰着して計算する方法として，置換積分法と部分積分法がある．これらを次に説明しよう．

3.1.2 置換積分法

$F(x)$ を $f(x)$ の原始関数とする．x が t の関数 $x = g(t)$ であるとき，合成関数 $F(g(t))$ を t で微分すると

$$\frac{dF(g(t))}{dt} = \frac{dF(x)}{dx}\frac{dx}{dt} = f(x)\frac{dx}{dt} = f(g(t))g'(t).$$

となる．したがって t の関数 $F(g(t))$ は $f(g(t))g'(t)$ の原始関数で

$$\int f(g(t))g'(t)\,dt = F(g(t))$$

が成り立つ．ここで，左辺の $g'(t)$ を $\dfrac{dx}{dt}$ に，右辺の $g(t)$ を x に書き直すと

$$\int f(g(t))\frac{dx}{dt}dt = F(x) = \int f(x)\,dx$$

となる．まとめると次のようになる．

定理 3.3（置換積分法） $x = g(t)$ のとき
$$\int f(x)\,dx = \int f(g(t))g'(t)\,dt \tag{3.4}$$
が成り立つ．

✓**注意** $y = f(x)$，$x = g(t)$ だから (3.4) を
$$\int y\,dx = \int y\frac{dx}{dt}dt \tag{3.5}$$
と書くこともある．

例題 3.2 $f(x) = \left(\dfrac{1}{3}x + 5\right)^2$ の不定積分

$$\int \left(\frac{1}{3}x + 5\right)^2 dx$$

を置換積分法を用いて求めよ.

解答 $\dfrac{1}{3}x + 5 = t$ とおくと $x = 3t - 15$ となる. $x = g(t) = 3t - 15$ とすると $f(g(t)) = t^2$, $g'(t) = 3$ である. 定理 3.3 を用いて

$$\int \left(\frac{1}{3}x + 5\right)^2 dx = \int t^2 \cdot 3\, dt = t^3 = \left(\frac{1}{3}x + 5\right)^3$$

となる. ◆

(3.5) を用いて例題 3.2 の解答を簡略化することができる.

別解 $y = \left(\dfrac{1}{3}x + 5\right)^2$, $t = \dfrac{1}{3}x + 5$ とおく. y を t の式で表すと $y = t^2$ で $\dfrac{dx}{dt} = \dfrac{1}{\frac{dt}{dx}} = 3$ だから (3.5) を用いて

$$\int \left(\frac{1}{3}x + 5\right)^2 dx = \int y\, dx = \int y \frac{dx}{dt}\, dt = \int t^2 \cdot 3\, dt = t^3 = \left(\frac{1}{3}x + 5\right)^3$$

となる. ◆

✓ **注意** $\dfrac{dt}{dx} = \dfrac{1}{3}$ の両辺に, 形式的に dx をかけると $dx = 3\, dt$ となることより dx を $3\, dt$ で置き換えて

$$\int \left(\frac{1}{3}x + 5\right)^2 dx = \int t^2 \cdot 3\, dt = t^3 = \left(\frac{1}{3}x + 5\right)^3$$

としてもよい.

例題 3.3 以下の等式が成り立つことを示せ.

$$\int \frac{g'(x)}{g(x)} dx = \log|g(x)| \tag{3.6}$$

解答 $t = g(x)$ とおく. $g'(x)dx = dt$ だから

$$\int \frac{g'(x)}{g(x)} dx = \int \frac{1}{g(x)} g'(x) dx = \int \frac{1}{t} dt = \log|t| = \log|g(x)|$$

である. ◆

3.1.3 部分積分法

定理 3.4 (部分積分法)

$$\int f(x)g'(x)dx = f(x)g(x) - \int f'(x)g(x)dx \tag{3.7}$$

証明 積の微分の公式 (定理 2.2 (3)) と (3.1) を用いて右辺の導関数を求めると

$$\frac{d}{dx}\Big(f(x)g(x) - \int f'(x)g(x)dx\Big) = (f'(x)g(x) + f(x)g'(x)) - f'(x)g(x)$$
$$= f(x)g'(x)$$

となり, (3.7) の右辺は $f(x)g'(x)$ の不定積分 $\int f(x)g'(x)\,dx$ に等しい. ■

例題 3.4
(1) 不定積分 $\int x e^x dx$ を求めよ.

(2) $I_n = \int x^n e^x dx$ とおくとき

$$I_n = x^n e^x - n I_{n-1}$$

が成り立つことを示せ.

解答 (1) $f(x) = x$, $g(x) = e^x$ として (3.7) を用いれば

$$\int xe^x\,dx = \int x(e^x)'\,dx = xe^x - \int x'\cdot e^x\,dx = xe^x - e^x$$

となる.

(2) $f(x) = x^n$, $g(x) = e^x$ として (3.7) を用いれば

$$I_n = \int x^n(e^x)'\,dx = x^n e^x - \int (nx^{n-1})e^x\,dx = x^n e^x - nI_{n-1}$$

となる. ◆

例 3.2 不定積分 $\int \log x\,dx$ は, 被積分関数を $\log x = (\log x)\cdot 1$ と考えると, $f(x) = \log x$, $g(x) = x$ として (3.7) を用いることができる.

$$\int (\log x)x'\,dx = (\log x)x - \int \frac{1}{x}\cdot x\,dx = x\log x - \int 1\,dx$$
$$= x\log x - x$$

である. ◆

例題 3.5 不定積分 $\int \tan^{-1} x\,dx$ を求めよ.

解答 被積分関数を $\tan^{-1} x = (\tan^{-1} x)\,x'$ と考えると

$$\int \tan^{-1} x\,dx = x\tan^{-1} x - \int x(\tan^{-1} x)'\,dx$$
$$= x\tan^{-1} x - \int \frac{x}{x^2+1}\,dx$$

となる. ここで (3.6) を用いれば

$$\int \tan^{-1} x\,dx = x\tan^{-1} x - \frac{1}{2}\int \frac{(x^2+1)'}{x^2+1}\,dx$$
$$= x\tan^{-1} x - \frac{1}{2}\log|x^2+1|$$

となる. ◆

演習問題 3.1

3.1.1 定理 3.1 (1) ～ (14) を証明せよ．

3.1.2 次の不定積分を求めよ．

(1) $\displaystyle\int (x^2+1)\,dx$ 　　(2) $\displaystyle\int \frac{x+1}{\sqrt{x}}\,dx$ 　　(3) $\displaystyle\int (2x+1)^{\frac{3}{2}}\,dx$

(4) $\displaystyle\int \cos(x+3)\,dx$ 　　(5) $\displaystyle\int \cos^2 x\,dx$ 　　(6) $\displaystyle\int \frac{1}{\cos^2(x+2)}\,dx$

(7) $\displaystyle\int e^{2x-1}\,dx$ 　　(8) $\displaystyle\int \log|x(2x-1)|\,dx$

(9) $\displaystyle\int (3x^4-\cos x)\,dx$ 　　(10) $\displaystyle\int 2^{2-x}\,dx$

3.1.3 次の不定積分を求めよ．

(1) $\displaystyle\int \frac{x^2}{x^3+1}\,dx$ 　　(2) $\displaystyle\int x\sqrt{1-x^2}\,dx$ 　　(3) $\displaystyle\int \frac{e^x}{e^{2x}+1}\,dx$

(4) $\displaystyle\int \frac{\cos x}{\sin x}\,dx$ 　　(5) $\displaystyle\int (\sin x)\cos^3 x\,dx$ 　　(6) $\displaystyle\int \frac{1}{x}\log|x|\,dx$

3.1.4 次の不定積分を求めよ．

(1) $\displaystyle\int x\log x\,dx$ 　　(2) $\displaystyle\int x^2 e^x\,dx$ 　　(3) $\displaystyle\int x\cos x\,dx$

(4) $\displaystyle\int e^x \sin x\,dx$

3.2 有理関数の不定積分

2 つの多項式 $f(x)$, $g(x)$ の商として表される関数

$$\frac{g(x)}{f(x)}$$

を **有理関数** という．ただし，$f(x)$, $g(x)$ は共通因子を持たず，$f(x)$ は恒等的に 0 ではないとする．この節では，有理関数の不定積分の求め方について学ぶ．

$f(x)$, $g(x)$ を実数係数の多項式で $f(x) \neq 0$ とするとき,有理関数 $\dfrac{g(x)}{f(x)}$ は,多項式と

$$\frac{A}{(x-a)^m}, \quad \frac{Bx+C}{\{(x-b)^2+c^2\}^n}$$

の形の,いくつかの有理関数の和として表せることが知られている.ただし,$A, B, C, a, b, c \neq 0$ は実定数,m, n は自然数である.

このような表し方を有理関数 $\dfrac{g(x)}{f(x)}$ の**部分分数分解**という.

例 3.3 次は部分分数分解の例である.

$$\frac{2}{(x-1)(x+1)} = \frac{1}{x-1} + \frac{-1}{x+1}$$

$$\frac{3x-5}{(x-2)^2} = \frac{3}{x-2} + \frac{1}{(x-2)^2}$$

いずれも右辺を通分して計算すれば左辺に等しいことがわかる. ◆

上の例の右辺の各項の不定積分は次を用いて求められる.

定理 3.5 n を自然数,a を実数とする.

(1) $\displaystyle \int \frac{1}{(x-a)^n}\, dx = \begin{cases} \log|x-a| & (n=1) \\ \dfrac{1}{1-n}\dfrac{1}{(x-a)^{n-1}} & (n \geq 2) \end{cases}$

(2) $\displaystyle \int \frac{x}{(x^2+1)^n}\, dx = \begin{cases} \dfrac{1}{2}\log(x^2+1) & (n=1) \\ \dfrac{1}{2(1-n)}\dfrac{1}{(x^2+1)^{n-1}} & (n \geq 2) \end{cases}$

証明 いずれも右辺を微分すれば左辺の被積分関数になることでわかる. ■

例題 3.6 次の不定積分を求めよ．

(1) $\displaystyle\int \frac{2}{(x-1)(x+1)}\,dx$ (2) $\displaystyle\int \frac{3x-5}{(x-2)^2}\,dx$

解答 (1) 部分分数分解は $\dfrac{2}{(x-1)(x+1)} = \dfrac{1}{x-1} + \dfrac{-1}{x+1}$ で

$$\int \frac{2}{(x-1)(x+1)}\,dx = \log|x-1| - \log|x+1| = \log\left|\frac{x-1}{x+1}\right|$$

となる．

(2) 部分分数分解は $\dfrac{3x-5}{(x-2)^2} = \dfrac{3}{x-2} + \dfrac{1}{(x-2)^2}$ で

$$\int \frac{3x-5}{(x-2)^2}\,dx = \int \frac{3}{x-2}\,dx + \int \frac{1}{(x-2)^2}\,dx$$
$$= 3\log|x-2| - \frac{1}{x-2}$$

となる．◆

一般に有理関数 $\dfrac{g(x)}{f(x)}$ の不定積分は次の手順で求められる．

(1) $g(x)$ を $f(x)$ で割って，商を $k(x)$，余りを $h(x)$ とする．

$$\frac{g(x)}{f(x)} = k(x) + \frac{h(x)}{f(x)}$$

である．

(2) $\dfrac{h(x)}{f(x)}$ を部分分数に分解する．

(3) 多項式 $k(x)$ および $\dfrac{h(x)}{f(x)}$ を部分分数に分解したときの各項の不定積分を定理 3.5 および後述する定理 3.6 によって求める．

部分分数分解の求め方を例を用いて説明しよう．

例題 3.7 $\dfrac{x^4 - x^3 + 4x^2 + x - 1}{(x-1)(x^2+1)}$ を部分分数に分解せよ.

解答 分子 $x^4 - x^3 + 4x^2 + x - 1$ を分母 $(x-1)(x^2+1)$ で割ると商が x, 余りが $3x^2 + 2x - 1$ となるから

$$\frac{x^4 - x^3 + 4x^2 + x - 1}{(x-1)(x^2+1)} = x + \frac{3x^2 + 2x - 1}{(x-1)(x^2+1)}$$

となる.

次に, A, B, C を未知数として,

$$\frac{3x^2 + 2x - 1}{(x-1)(x^2+1)} = \frac{A}{x-1} + \frac{Bx + C}{x^2+1} \tag{3.8}$$

とおいて, 分母を払うと

$$3x^2 + 2x - 1 = A(x^2 + 1) + (Bx + C)(x - 1)$$

となる. 両辺の係数を比較すると

$$\begin{cases} A + B & = 3 \\ -B + C & = 2 \\ A \quad\quad - C & = -1 \end{cases}$$

となり $A = 2, B = 1, C = 3$ となる. 以上のことから

$$\frac{x^4 - x^3 + 4x^2 + x - 1}{(x-1)(x^2+1)} = x + \frac{2}{x-1} + \frac{x+3}{x^2+1}$$

である. ◆

✓ **注意** 係数 A, B, C を, 次のように簡単に求めることもできる.
 $3x^2 + 2x - 1 = A(x^2 + 1) + (Bx + C)(x - 1)$ は恒等式だから, x に 1 を代入すれば $A = 2$ が, 虚数単位 i を代入すれば $Bi + C = 3 + i$ となって $B = 1, C = 3$ がわかる.

定理 3.6 n を正の整数として

$$I_n = \int \frac{1}{(x^2+1)^n} \, dx$$

とおくとき次が成り立つ.

$$I_n = \begin{cases} \tan^{-1} x & (n=1) \\ \dfrac{1}{2(n-1)}\left\{(2n-3)I_{n-1} + \dfrac{x}{(x^2+1)^{n-1}}\right\} & (n \geq 2) \end{cases}$$

証明 $n=1$ のときは明らか（定理 3.1(9)）だから $n \geq 2$ とする．部分積分法を用いて

$$I_{n-1} = \int \frac{1}{(x^2+1)^{n-1}} x' \, dx$$

$$= \frac{x}{(x^2+1)^{n-1}} - \int \frac{2(1-n)x^2}{(x^2+1)^n} \, dx$$

$$= \frac{x}{(x^2+1)^{n-1}} - 2(1-n)\int \frac{(x^2+1)-1}{(x^2+1)^n} \, dx$$

$$= \frac{x}{(x^2+1)^{n-1}} - 2(1-n)I_{n-1} + 2(1-n)I_n$$

となる．これを整理すれば，

$$I_n = \frac{1}{2(n-1)}\left\{(2n-3)I_{n-1} + \frac{x}{(x^2+1)^{n-1}}\right\}$$

となる． ∎

演習問題 3.2

3.2.1 次の有理関数の部分分数分解を求めよ（a, b, c, d に当てはまる定数を求めよ）．

(1) $\dfrac{2x+7}{x^2+x-2} = \dfrac{a}{x+2} + \dfrac{b}{x-1}$

(2) $\dfrac{1}{(x-1)(x^2+1)} = \dfrac{a}{x-1} + \dfrac{bx+c}{x^2+1}$

(3) $\dfrac{5x^2+3x+4}{x(x^2-1)} = \dfrac{a}{x} + \dfrac{b}{x-1} + \dfrac{c}{x+1}$

(4) $\dfrac{1}{(x^2-1)^2} = \dfrac{a}{x-1} + \dfrac{b}{(x-1)^2} + \dfrac{c}{x+1} + \dfrac{d}{(x+1)^2}$

3.2.2 次の不定積分を求めよ．

(1) $\displaystyle\int \dfrac{2x+7}{x^2+x-2}\,dx$ 　　(2) $\displaystyle\int \dfrac{1}{(x-1)(x^2+1)}\,dx$

(3) $\displaystyle\int \dfrac{5x^2+3x+4}{x(x^2-1)}\,dx$ 　　(4) $\displaystyle\int \dfrac{1}{(x^2-1)^2}\,dx$

3.2.3 次の不定積分を求めよ．

$$\int \dfrac{\sqrt{x+1}}{x+2}\,dx \quad (t=\sqrt{x+1}\text{とおいて置換積分する})$$

3.3 定積分

$f(x)$ は閉区間 $[a,b]$ で定義された連続関数であるとする．

$[a,b]$ 内に $n+1$ 個の点
$$a = x_0 < x_1 < x_2 < \cdots < x_{n-1} < x_n = b$$
をとり，区間 $[a,b]$ を n 個の閉区間
$$[x_0, x_1],\ [x_1, x_2],\ \cdots,\ [x_{n-1}, x_n]$$
に分割する．この分割を $\varDelta$ と書く．分割 $\varDelta$ の幅を
$$\mu(\varDelta) = \max\{x_i - x_{i-1} \mid 1 \leq i \leq n\}$$
によって定義する．ここで，max は最大値を表す．区間 $[x_{i-1}, x_i]$ から任意の点 $\xi_i\ (1 \leq i \leq n)$ をとり，
$$S_\varDelta(f) = \sum_{i=1}^{n} f(\xi_i)(x_i - x_{i-1}) \tag{3.9}$$
とおく．

分割 $\varDelta$ を細かくして $\mu(\varDelta) \to 0$ とするとき，ξ_i のとり方によらず $S_\varDelta(f)$ が一定の値に収束することが知られている．その値を，関数 $f(x)$ の a から b までの**定積分**といい

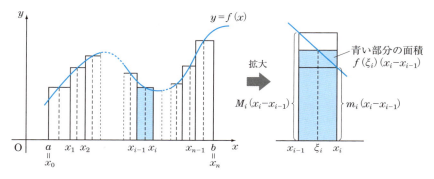

図 3.1　定積分　　　　　図 3.2　取り出した区間

$$\int_a^b f(x)\,dx$$

と書く．定積分の値を求めることを**定積分する**という．上に述べた定積分の考え方を**区分求積法**という（図 3.1，3.2）．

定積分を標語的に書くと

$$\int_a^b f(x)\,dx = \lim_{\mu(\Delta) \to 0} S_\Delta(f) \tag{3.10}$$

である．

区間 $[a, b]$ を n 等分して，$x_i = a + \dfrac{(b-a)i}{n}$ $(0 \leq i \leq n)$ とおいて得られる $S_\Delta(f)$ の極限値

$$\lim_{n \to \infty} \sum_{i=1}^n \frac{b-a}{n} f(\xi_i)$$

は，$\int_a^b f(x)\,dx$ と一致する．とくに，ξ_i を区間 $[x_{i-1}, x_i]$ の右端の点とする，すなわち $\xi_i = x_i$ とすると

$$\int_a^b f(x)\,dx = \lim_{n \to \infty} \frac{b-a}{n} \sum_{i=1}^n f\!\left(a + i\,\frac{b-a}{n}\right) \tag{3.11}$$

となり，左端の点，すなわち $\xi_i = x_{i-1}$ とすると

$$\int_a^b f(x)\,dx = \lim_{n\to\infty} \frac{b-a}{n} \sum_{i=1}^n f\left(a + (i-1)\frac{b-a}{n}\right) \quad (3.12)$$

となる．

$f(x) \geq 0$ のとき，$\int_a^b f(x)\,dx$ は，曲線 $y = f(x)$ および直線 $x = a$, $x = b$, x 軸で囲まれた部分の面積である．

$a \geq b$ のときには定積分を

$$\int_a^a f(x)\,dx = 0, \qquad \int_a^b f(x)\,dx = -\int_b^a f(x)\,dx$$

によって定める．定積分について次が成り立つ．

定理 3.7 $f(x)$, $g(x)$ を区間 $[a, b]$ で連続な関数とする．

(1) α, β を定数とするとき，

$$\int_a^b \{\alpha f(x) + \beta g(x)\}\,dx = \alpha \int_a^b f(x)\,dx + \beta \int_a^b g(x)\,dx \quad (3.13)$$

が成り立つ．

(2) $a \leq c \leq b$ のとき

$$\int_a^b f(x)\,dx = \int_a^c f(x)\,dx + \int_c^b f(x)\,dx$$

が成り立つ．

(3) すべての x ($a \leq x \leq b$) に対して $f(x) \geq g(x)$ が成り立つとき

$$\int_a^b f(x)\,dx \geq \int_a^b g(x)\,dx$$

となる．等号が成り立つとき $f(x) = g(x)$ である．

(4) $\left|\int_a^b f(x)\,dx\right| \leq \int_a^b |f(x)|\,dx$.

証明 以下の証明で x_i, ξ_i, Δ などは，$S_\Delta(f)$ の定義 (3.9) で用いたものと同じとする．

(1) $\displaystyle\int_a^b \{\alpha f(x) + \beta g(x)\} dx$

$\displaystyle = \lim_{\mu(\Delta)\to 0} \sum_{i=1}^n \{\alpha f(\xi_i) + \beta g(\xi_i)\}(x_i - x_{i-1})$

$\displaystyle = \alpha \lim_{\mu(\Delta)\to 0} \sum_{i=1}^n f(\xi_i)(x_i - x_{i-1}) + \beta \lim_{\mu(\Delta)\to 0} \sum_{i=1}^n g(\xi_i)(x_i - x_{i-1})$

$\displaystyle = \alpha \int_a^b f(x)\,dx + \beta \int_a^b g(x)\,dx$

(2) 演習問題とする（演習問題 3.3.3）．

(3) すべての i に対して $f(\xi_i) > g(\xi_i)$ となり

$$S_\Delta(f) = \sum_{i=1}^n f(\xi_i)(x_i - x_{i-1}) > \sum_{i=1}^n g(\xi_i)(x_i - x_{i-1}) = S_\Delta(g)$$

となる．極限値の性質（定理 1.4(5)）と定積分の定義 (3.10) から結論を得る．

(4) $-|f(x)| \leq f(x) \leq |f(x)|$ だから (3) より

$$-\int_a^b |f(x)|dx \leq \int_a^b f(x)\,dx \leq \int_a^b |f(x)|dx$$

となる．よって $\left|\displaystyle\int_a^b f(x)\,dx\right| \leq \displaystyle\int_a^b |f(x)|dx$ である．∎

定理 3.8（積分法の平均値の定理）　関数 $f(x)$ が閉区間 $[a,b]$ で連続ならば，

$$\int_a^b f(x)\,dx = (b-a)f(c)$$

となる $c \in [a,b]$ が存在する．

証明 $a = b$ のとき成り立つことは定義から明らかだから，$a \neq b$ の場合を示す．閉区間 $[a,b]$ における $f(x)$ の最小値を m，最大値を M とする．x_i, ξ_i を $S_\Delta(f)$ の定義 (3.9) で用いたものと同じとする．

$$m(x_i - x_{i-1}) \leq f(\xi_i)(x_i - x_{i-1}) \leq M(x_i - x_{i-1})$$

であるから(図3.2参照),i を 1 から n まで動かして各辺の和をとると

$$m(b - a) \leq S_\Delta(f) \leq M(b - a)$$

となる.$\mu(\Delta) \to 0$ とすれば,

$$m(b - a) \leq \int_a^b f(x)\,dx \leq M(b - a)$$

となり,

$$m \leq \frac{\int_a^b f(x)\,dx}{b - a} \leq M$$

となる.$f(x)$ は閉区間 $[a, b]$ で連続だから,中間値の定理(定理1.8)によって,

$$f(c) = \frac{\int_a^b f(x)\,dx}{b - a} \qquad (c \in [a, b])$$

となる c が存在する.■

次の定理は不定積分と定積分の関係を示す重要な定理である.

> **定理 3.9**(微分積分学の基本定理) 関数 $f(x)$ を閉区間 $[a, b]$ で定義された連続関数とする.
>
> $$F(x) = \int_a^x f(u)\,du \qquad (x \in (a, b))$$
>
> とおくと,$F(x)$ は (a, b) において微分可能な関数で $F'(x) = f(x)$ が成り立つ.

証明 $h \neq 0$,$x, x + h \in [a, b]$ として極限値

$$\lim_{h \to 0} \frac{F(x + h) - F(x)}{h}$$

を計算する.

定理 3.7 (2) によって
$$F(x+h) - F(x) = \int_a^{x+h} f(t)\,dt - \int_a^x f(t)\,dt = \int_x^{x+h} f(t)\,dt$$
となり，定理 3.8 によって x と $x+h$ の間に
$$\int_x^{x+h} f(t)\,dt = hf(c)$$
となる c が存在する．$h \to 0$ のとき $c \to x$ で，$f(x)$ は連続関数だから
$$\lim_{h \to 0} f(c) = f(x)$$
である．したがって，
$$\lim_{h \to 0} \frac{F(x+h) - F(x)}{h} = \lim_{c \to x} f(c) = f(x)$$
となる．すなわち，$F(x)$ は $[a, b]$ において微分可能な関数で $F'(x) = f(x)$ である．■

系 3.10 $f(x)$ を閉区間 $[a,b]$ で定義された連続関数とする．$G(x)$ を $f(x)$ の原始関数とすると
$$\int_a^b f(x)\,dx = G(b) - G(a)$$
が成り立つ．

$G(b) - G(a)$ を $\Big[G(x)\Big]_a^b$ と書いて
$$\int_a^b f(x)\,dx = \Big[G(x)\Big]_a^b$$
と書くこともある．

証明 定理 3.9 より，$F(x) = \int_a^x f(x)\,dx$ は $f(x)$ の原始関数だから $F(x) - G(x) = C$(定数) である．$F(x)$ の定義から $F(a) = 0$ となり $-G(a) = C$

となる．したがって
$$\int_a^b f(x)\,dx = F(b) = G(b) + C = G(b) - G(a)$$
である．■

例 3.4 $\sin x$ は $\cos x$ の原始関数であるから，
$$\int_0^{\frac{\pi}{2}} \cos x\,dx = \Bigl[\sin x\Bigr]_0^{\frac{\pi}{2}} = 1$$
である．◆

例題 3.8
$$I = \lim_{n\to\infty}\left\{\frac{1}{n} + \frac{1}{n+1} + \frac{1}{n+2} + \cdots + \frac{1}{2n-1}\right\}$$
を求めよ．

解答 $\displaystyle I = \lim_{n\to\infty}\sum_{i=1}^{n}\frac{1}{n+i-1} = \lim_{n\to\infty}\left\{\sum_{i=1}^{n}\frac{1}{n}\frac{1}{1+\dfrac{i-1}{n}}\right\}$

である．$a = 0$, $b = 1$, $f(x) = \dfrac{1}{1+x}$ として (3.12) を用いると
$$I = \int_0^1 \frac{1}{1+x}\,dx = \Bigl[\log(1+x)\Bigr]_0^1 = \log 2$$
となる．◆

定理 3.11（定積分の置換積分法） $f(x)$ は閉区間 $[a, b]$ で連続，$g(t)$ は閉区間 $[\alpha, \beta]$ で微分可能でその導関数は連続であるとする．$a = g(\alpha)$, $b = g(\beta)$ であれば，
$$\int_a^b f(x)\,dx = \int_\alpha^\beta f(g(t))g'(t)\,dt$$
が成り立つ．

証明 $F(x)$ を $f(x)$ の原始関数とする．このとき，$F(g(t))$ は $f(g(t))\,g'(t)$ の原始関数だから

$$\int_a^b f(x)\,dx = F(b) - F(a) = F(g(\beta)) - F(g(\alpha)) = \int_\alpha^\beta f(g(t))\,g'(t)\,dt$$

となる．■

例題 3.9 a を正の定数とするとき，次の定積分を求めよ．

$$\int_{-a}^{a} \sqrt{a^2 - x^2}\,dx$$

解答 $x = a\sin t$ とおけば，x が $-a$ から a まで動くとき，t は $-\dfrac{\pi}{2}$ から $\dfrac{\pi}{2}$ まで動く．また，$\dfrac{dx}{dt} = a\cos t$ だから，

x	$-a$	$\longrightarrow$	a
t	$-\dfrac{\pi}{2}$	$\longrightarrow$	$\dfrac{\pi}{2}$

$$\int_{-a}^{a} \sqrt{a^2 - x^2}\,dx = \int_{-\frac{\pi}{2}}^{\frac{\pi}{2}} \sqrt{a^2(1-\sin^2 t)} \cdot a\cos t\,dt$$

$$= a^2 \int_{-\frac{\pi}{2}}^{\frac{\pi}{2}} \cos^2 t\,dt$$

$$= a^2 \int_{-\frac{\pi}{2}}^{\frac{\pi}{2}} \frac{1 + \cos 2t}{2}\,dt$$

$$= a^2 \left[\frac{t}{2} + \frac{\sin 2t}{4}\right]_{-\frac{\pi}{2}}^{\frac{\pi}{2}} = \frac{\pi a^2}{2} \quad \blacklozenge$$

定理 3.12（定積分の部分積分法）　$f(x)$，$g(x)$ が閉区間 $[a,b]$ で連続な導関数を持つならば

$$\int_a^b f(x)g'(x)\,dx = \Big[f(x)g(x)\Big]_a^b - \int_a^b f'(x)g(x)\,dx$$

が成り立つ．

証明 積の微分の公式から $f(x)\,g'(x) = (f(x)\,g(x))' - f'(x)\,g(x)$ とな

る．両辺を a から b まで定積分すればよい．■

例題 3.10 定積分
$$\int_0^1 xe^x\,dx$$
を部分積分法を用いて求めよ．

解答 $\displaystyle\int_0^1 xe^x\,dx = \Big[xe^x\Big]_0^1 - \int_0^1 e^x\,dx = e - \Big[e^x\Big]_0^1 = 1$ ◆

演習問題 3.3

3.3.1 次の定積分の値を求めよ．

(1) $\displaystyle\int_0^1 (x^3 + \sqrt{x})\,dx$ (2) $\displaystyle\int_0^1 \frac{x}{x^2-4}\,dx$ (3) $\displaystyle\int_0^1 \sqrt{x^3}\,dx$

(4) $\displaystyle\int_{\frac{\pi}{4}}^{\frac{\pi}{3}} \cos x\,dx$ (5) $\displaystyle\int_0^1 2xe^{x^2}\,dx$ (6) $\displaystyle\int_0^{\frac{\pi}{2}} \frac{\cos x}{1+\sin^2 x}\,dx$

3.3.2 次の極限値を求めよ．

(1) $\displaystyle\lim_{n\to\infty}\left(\frac{1}{n^2} + \frac{2}{n^2} + \frac{3}{n^2} + \cdots + \frac{n-1}{n^2}\right)$ (2) $\displaystyle\lim_{n\to\infty}\frac{1}{n}\sum_{i=1}^n \sqrt{1+\frac{i}{n}}$

3.3.3 $f(x)$ が区間 I で連続な関数で $a,b,c \in I$ のとき
$$\int_a^b f(x)\,dx = \int_a^c f(x)\,dx + \int_c^b f(x)\,dx$$
が成り立つことを示せ．

3.3.4 (1) $\displaystyle\frac{d}{dx}\int_0^{x^2} f(t)\,dt$ を，x および f で表せ．

(2) $\displaystyle\frac{d}{dx}\int_{x^2}^{x^3} f(t)\,dt$ を，x および f で表せ．

3.4 三角関数を含む式の積分

本節では $\sin x$ と $\cos x$ を含む次のような式の積分について解説する．

$$\sin^4 x \cos x, \quad \sin 3x \cos 5x, \quad \frac{1}{3 + 4\cos x}.$$

3.4.1 置換積分による方法

（イ）$t = \sin x$ または $t = \cos x$ とおく方法

例題 3.11 不定積分
$$I = \int \frac{\cos x}{1 + \sin x} dx$$
を求めよ．

解答 $t = \sin x$ とおくと $dt = \cos x\, dx$ だから
$$I = \int \frac{\cos x}{1 + \sin x} dx = \int \frac{1}{1 + t} dt = \log|1 + t| = \log|1 + \sin x|$$
である． ◆

（ロ）$t = \tan \dfrac{x}{2}$ とおく方法

$P(u, v)$ が，u, v の有理式であるとき，$P(\sin x, \cos x)$ を $\sin x$ と $\cos x$ の有理式という．$\sin x$ と $\cos x$ の有理式の積分は，$t = \tan \dfrac{x}{2}$ とおくことにより，t の有理式の積分に帰着できる．以下，このことを示そう．

定理 3.13 $t = \tan \dfrac{x}{2}$ とおくとき
$$\sin x = \frac{2t}{1 + t^2}, \quad \cos x = \frac{1 - t^2}{1 + t^2}, \quad \frac{dx}{dt} = \frac{2}{1 + t^2} \quad (3.14)$$
が成り立つ．

✓**注意** 三角関数を含む式の積分で置き換え $t = \tan \dfrac{x}{2}$ を行うと，複雑な有理式の積分になることが多いので，この置き換えを用いる前に別の方法を検討するのがよい．

証明 $\tan^2 \theta = \dfrac{\sin^2 \theta}{\cos^2 \theta} = \dfrac{1 - \cos^2 \theta}{\cos^2 \theta} = \dfrac{1}{\cos^2 \theta} - 1$ から

$$\cos^2\theta = \frac{1}{\tan^2\theta + 1}$$

が成り立つことに注意しよう．$\theta = x/2$ とおけば

$$\cos^2\frac{x}{2} = \frac{1}{1+t^2}$$

である．2倍角の公式から

$$\sin x = 2\sin\frac{x}{2}\cos\frac{x}{2} = 2\tan\frac{x}{2}\cos^2\frac{x}{2} = \frac{2t}{1+t^2},$$

$$\cos x = 2\cos^2\frac{x}{2} - 1 = \frac{1-t^2}{1+t^2}$$

である．また，$x = 2\tan^{-1}t$ の両辺を t で微分すれば

$$\frac{dx}{dt} = \frac{2}{t^2+1}$$

となる．■

$P(\sin x, \cos x)$ の不定積分を，$t = \tan\dfrac{x}{2}$ によって置換積分すると

$$\int P(\sin x, \cos x)\,dx = \int P\left(\frac{2t}{1+t^2}, \frac{1-t^2}{1+t^2}\right)\frac{2}{1+t^2}\,dt$$

となるが，右辺の被積分関数は t の有理式である．以上のことから次がわかった．

定理 3.14 $\sin x$ と $\cos x$ の有理式の積分は，$t = \tan\dfrac{x}{2}$ によって置換積分することにより，有理関数の積分に帰着する．

例題 3.12 不定積分

$$I = \int \frac{1}{5 + 3\cos x}\,dx$$

を求めよ．

解答 $t = \tan\dfrac{x}{2}$ とおくと (3.14) によって

$$I = \int \dfrac{1}{5 + 3\dfrac{1-t^2}{1+t^2}} \cdot \dfrac{2}{1+t^2}\, dt = \int \dfrac{1}{4+t^2}\, dt = \dfrac{1}{2}\tan^{-1}\left(\dfrac{t}{2}\right)$$

となり $I = \dfrac{1}{2}\tan^{-1}\left(\dfrac{1}{2}\tan\left(\dfrac{x}{2}\right)\right)$ である. ◆

3.4.2 部分積分による方法

次の定積分の値はしばしば用いられる.

> **定理 3.15** n を自然数とする.
>
> $$I_n = \int_0^{\frac{\pi}{2}} \sin^n x\, dx = \int_0^{\frac{\pi}{2}} \cos^n x\, dx$$
>
> の値は, n が偶数ならば
>
> $$I_n = \dfrac{n-1}{n} \cdot \dfrac{n-3}{n-2} \cdot \cdots \cdot \dfrac{1}{2} \cdot \dfrac{\pi}{2} \tag{3.15}$$
>
> で, n が奇数ならば
>
> $$I_n = \dfrac{n-1}{n} \cdot \dfrac{n-3}{n-2} \cdot \cdots \cdot \dfrac{2}{3} \tag{3.16}$$
>
> である.

証明 $x = \dfrac{\pi}{2} - u$ とおくと, x が 0 から $\dfrac{\pi}{2}$ まで動くとき, u は $\dfrac{\pi}{2}$ から 0 まで動く. $\sin^n x = \cos^n u$, $dx = -du$ だから

$$\int_0^{\frac{\pi}{2}} \sin^n x\, dx = -\int_{\frac{\pi}{2}}^0 \cos^n u\, du = \int_0^{\frac{\pi}{2}} \cos^n x\, dx$$

が成り立つ.

漸化式

$$(n+2)I_{n+2} = (n+1)I_n \tag{3.17}$$

が成り立つ．実際，$I_{n+2} = \int_0^{\frac{\pi}{2}} \sin^{n+2} x \, dx = \int_0^{\frac{\pi}{2}} \sin^{n+1} x (-\cos x)' \, dx$ で，部分積分法を用いると

$$I_{n+2} = \left[-\cos x \sin^{n+1} x \right]_0^{\frac{\pi}{2}} + \int_0^{\frac{\pi}{2}} (n+1) \cos^2 x \sin^n x \, dx$$

$$= (n+1) \int_0^{\frac{\pi}{2}} (1 - \sin^2 x) \sin^n x \, dx$$

$$= (n+1) I_n - (n+1) I_{n+2}$$

となる．これを整理して (3.17) を得る．

n が偶数のとき，(3.17) をくり返し用いて

$$I_n = \frac{n-1}{n} I_{n-2} = \cdots = \frac{n-1}{n} \cdot \frac{n-3}{n-2} \cdot \cdots \cdot \frac{1}{2} \cdot 1 \cdot I_0$$

となり，n が奇数のとき，(3.17) をくり返し用いて

$$I_n = \frac{n-1}{n} I_{n-2} = \cdots = \frac{n-1}{n} \cdot \frac{n-3}{n-2} \cdot \cdots \cdot \frac{2}{3} \cdot I_1$$

となる．ここで $I_0 = \frac{\pi}{2}$ だから (3.15) が，$I_1 = 1$ だから (3.16) が得られる．■

3.4.3 積を和に直す公式の応用

三角関数の加法定理から次が成り立つことがわかる．

$$\sin \alpha \cos \beta = \frac{1}{2} (\sin(\alpha + \beta) + \sin(\alpha - \beta))$$

$$\cos \alpha \cos \beta = \frac{1}{2} (\cos(\alpha + \beta) + \cos(\alpha - \beta))$$

$$\sin \alpha \sin \beta = \frac{1}{2} (\cos(\alpha - \beta) - \cos(\alpha + \beta))$$

例題 3.13 次の不定積分を求めよ.
$$\int \sin 5x \sin 3x \, dx$$

解答 三角関数の積を和に直す公式により

$$\int \sin 5x \sin 3x \, dx = \int \frac{1}{2}(\cos 2x - \cos 8x) \, dx = \frac{1}{4}\sin 2x - \frac{1}{16}\sin 8x$$

となる. ◆

演習問題 3.4

3.4.1 加法定理を用いて三角関数の積を和に直す公式を示せ.

$$\sin \alpha \cos \beta = \frac{1}{2}(\sin(\alpha + \beta) + \sin(\alpha - \beta))$$

$$\cos \alpha \cos \beta = \frac{1}{2}(\cos(\alpha + \beta) + \cos(\alpha - \beta))$$

$$\sin \alpha \sin \beta = \frac{1}{2}(\cos(\alpha - \beta) - \cos(\alpha + \beta))$$

3.4.2 m, n を正の整数とするとき, 次の定積分の値を求めよ.

(1) $\int_{-\pi}^{\pi} \sin mx \cos nx \, dx$ (2) $\int_{-\pi}^{\pi} \sin mx \sin nx \, dx$

(3) $\int_{-\pi}^{\pi} \cos mx \cos nx \, dx$

3.4.3 次の不定積分を求めよ.

(1) $\int \frac{1}{\cos x + 2} \, dx$ (2) $\int \frac{1}{1 + \sin x - \cos x} \, dx$

(3) $\int \frac{\sin x}{\sin x + 1} \, dx$ (4) $\int \tan^3 x \, dx$

3.4.4 $I_{m,n} = \int \sin^m x \cos^n x \, dx$ とおくとき,
$$(m + n)I_{m,n} = -\sin^{m-1} x \cos^{n+1} x + (m - 1)I_{m-2,n}$$
が成り立つことを示せ.

3.5 広義積分

3.3節において，有界閉区間 $[a,b]$ で連続な関数 $f(x)$ の定積分 $\int_a^b f(x)\,dx$ を定義した．本節では，定義域や値域が有界でない場合に，定積分の定義を拡張することを考える．

3.5.1 値域が有界でない場合

$f(x)$ を，区間 I で定義された関数とする．$f(x)$ の値域が有界であるとは，すべての $x \in I$ に対して

$$|f(x)| < K \tag{3.18}$$

となる実数 $K\,(<\infty)$ が存在することをいう．

例 3.5 (1) $I = (0, 1]$ とするとき，関数 $f(x) = \dfrac{1}{x}\,(x \in I)$ の値域は有界でない．

(2) $I = [1, \infty)$ とするとき，関数 $f(x) = \dfrac{1}{x}\,(x \in I)$ の値域は有界である．実際，$K = 2$ とするとすべての $x \in I$ に対して (3.18) が成り立つ． ◆

(イ) 区間 $(a, b]$ で定義された連続関数 $f(x)$ が，$\lim\limits_{x \to a+0} |f(x)| = \infty$ をみたすとする．極限値

$$\lim_{\varepsilon \to +0} \int_{a+\varepsilon}^b f(x)\,dx$$

が存在するとき，$f(x)$ は区間 $(a, b]$ において **積分可能** であるという．また，この極限値を，$f(x)$ の区間 $(a, b]$ における **定積分** といって $\int_a^b f(x)\,dx$ で表す．したがって

$$\int_a^b f(x)\,dx = \lim_{\varepsilon \to +0} \int_{a+\varepsilon}^b f(x)\,dx$$

である．極限値が存在しないとき $f(x)$ は区間 $(a, b]$ において **積分不可能** であるという．

積分可能であることを広義積分 $\int_a^b f(x)\,dx$ が**収束する**といい，積分不可能であることを広義積分 $\int_a^b f(x)\,dx$ が**発散する**ということもある．

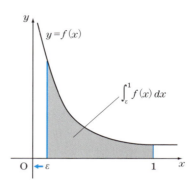

図 3.3 広義積分

例 3.6 $I = (0, 1]$ とする（図 3.3）．

(1) $f(x) = \dfrac{1}{\sqrt{x}}$ とすると $\lim\limits_{x \to +0} f(x) = \infty$ である．

$$\lim_{\varepsilon \to +0} \int_\varepsilon^1 \frac{1}{\sqrt{x}}\,dx = \lim_{\varepsilon \to +0} \Bigl[2\sqrt{x}\Bigr]_\varepsilon^1 = 2$$

だから広義積分 $\int_0^1 \dfrac{1}{\sqrt{x}}\,dx$ は収束して，その値は 2 である．

(2) $f(x) = \dfrac{1}{x}$ とすると $\lim\limits_{x \to +0} f(x) = \infty$ である．

$$\lim_{\varepsilon \to +0} \int_\varepsilon^1 \frac{1}{x}\,dx = \lim_{\varepsilon \to +0} \Bigl[\log|x|\Bigr]_\varepsilon^1 = \infty$$

だから広義積分 $\int_0^1 \dfrac{1}{x}\,dx$ は発散する． ◆

(ロ) $f(x)$ が $[a, b)$ で連続な関数で，$\lim\limits_{x \to b-0} |f(x)| = \infty$ であるときの広義積分も同様に

$$\int_a^b f(x)\,dx = \lim_{\varepsilon \to +0} \int_a^{b-\varepsilon} f(x)\,dx,$$

により定義される．

(ハ) 次に，(イ) と (ロ) が混在する例をあげよう．

例 3.7 $I = \int_{-1}^3 \dfrac{1}{\sqrt{(x+1)(3-x)}}\,dx$ は

$$\lim_{x \to -1+0} \frac{1}{\sqrt{(x+1)(3-x)}} = \infty, \quad \lim_{x \to 3-0} \frac{1}{\sqrt{(x+1)(3-x)}} = \infty$$

だから，区間 $(-1, 3)$ を $(-1, 1]$ と $[1, 3)$ に分割して，$(-1, 1]$ においては (イ)，$[1, 3)$ においては (ロ) として次のように計算する．

$$I = \lim_{\varepsilon \to +0} \int_{-1+\varepsilon}^{1} \frac{1}{\sqrt{(x+1)(3-x)}} \, dx + \lim_{\delta \to +0} \int_{1}^{3-\delta} \frac{1}{\sqrt{(x+1)(3-x)}} \, dx$$

◆

例題 3.14 $I = \int_{-1}^{3} \frac{1}{\sqrt{(x+1)(3-x)}} \, dx$ の値を求めよ．

解答 $x - 1 = t$ とおくとき $(x+1)(3-x) = 4 - t^2$，$dx = dt$ だから

$$I = \lim_{\varepsilon \to +0} \int_{-2+\varepsilon}^{0} \frac{1}{\sqrt{4 - t^2}} \, dt + \lim_{\delta \to +0} \int_{0}^{2-\delta} \frac{1}{\sqrt{4 - t^2}} \, dt$$

である．

$$\begin{aligned}
I &= \lim_{\varepsilon \to +0} \int_{-2+\varepsilon}^{0} \frac{1}{\sqrt{4 - t^2}} \, dt + \lim_{\delta \to +0} \int_{0}^{2-\delta} \frac{1}{\sqrt{4 - t^2}} \, dt \\
&= \lim_{\varepsilon \to +0} \left[\sin^{-1} \frac{t}{2} \right]_{-2+\varepsilon}^{0} + \lim_{\delta \to +0} \left[\sin^{-1} \frac{t}{2} \right]_{0}^{2-\delta} \\
&= (0 - \sin^{-1}(-1)) + (\sin^{-1} 1 - 0) \\
&= \pi
\end{aligned}$$

となる．◆

3.5.2 区間が有界でない場合

$f(x)$ を，区間 $[a, \infty)$ で定義された連続関数とする（図 3.4）．極限値

$$\lim_{L \to \infty} \int_{a}^{L} f(x) \, dx$$

が存在するとき，$f(x)$ は区間 $[a, \infty)$ において**積分可能**であるという．ま

た，この極限値を，$f(x)$ の区間 $[a, \infty)$ における**定積分**といって $\int_a^\infty f(x)\,dx$ で表す．したがって

$$\int_a^\infty f(x)\,dx = \lim_{L \to \infty} \int_a^L f(x)\,dx$$

である．極限値が存在しないとき $f(x)$ は区間 $[a, \infty)$ において**積分不可能**であるという．積分可能であることを広

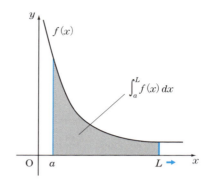

図 3.4 広義積分

義積分 $\int_a^\infty f(x)\,dx$ が**収束する**といい，積分不可能であることを広義積分 $\int_a^\infty f(x)\,dx$ が**発散する**ということもある．

$\int_{-\infty}^a f(x)\,dx$ も同様に定義する．

例 3.8 (1) $\displaystyle\int_0^\infty \frac{1}{x^2+1}\,dx = \lim_{L \to \infty} \int_0^L \frac{1}{x^2+1}\,dx = \lim_{L \to \infty} \Big[\tan^{-1} x\Big]_0^L = \frac{\pi}{2}$

(2) $\displaystyle\int_1^\infty \frac{1}{x}\,dx = \lim_{L \to \infty} \int_1^L \frac{1}{x}\,dx = \lim_{L \to \infty} \Big[\log|x|\Big]_1^L = \lim_{L \to \infty} \log L = \infty$

◆

例題 3.15 $n\,(\geq 1)$ を整数として

$$I_n = \int_0^\infty x^{n-1} e^{-x}\,dx \tag{3.19}$$

を求めよ．

解答 $n = 1$ のとき

$$I_1 = \lim_{L \to \infty} \int_0^L e^{-x}\,dx = \lim_{L \to \infty} \Big[-e^{-x}\Big]_0^L = \lim_{L \to \infty} (1 - e^{-L}) = 1$$

である．$n \geq 2$ とすると，部分積分法により

$$I_n = \lim_{L\to\infty} \int_0^L x^{n-1}(-e^{-x})' \, dx$$
$$= \lim_{L\to\infty} \left(-\left[x^{n-1} e^{-x} \right]_0^L + (n-1) \int_0^L x^{n-2} e^{-x} \, dx \right)$$
$$= \lim_{L\to\infty} \left(-\frac{L^{n-1}}{e^L} + (n-1) \int_0^L x^{n-2} e^{-x} \, dx \right)$$

となる．ここで $\displaystyle\lim_{L\to\infty} \frac{L^{n-1}}{e^L} = 0$（例 2.8 (1)）だから漸化式

$$I_n = (n-1) \lim_{L\to\infty} \int_0^L x^{n-2} e^{-x} \, dx = (n-1) I_{n-1}$$

が成り立つ．これをくり返して用いて

$$I_n = (n-1) I_{n-1} = (n-1)(n-2) I_{n-2}$$
$$= \cdots = (n-1)(n-2) \cdots 1 \cdot I_1 = (n-1)!$$

となる．◆

✓**注意** (3.19) の n を正の実数 s に変えても広義積分

$$\int_0^\infty x^{s-1} e^{-x} \, dx \tag{3.20}$$

が収束することが知られている．正の実数 s に広義積分 (3.20) の値を対応させる関数を**ガンマ関数**といい

$$\Gamma(s) = \int_0^\infty x^{s-1} e^{-x} \, dx$$

で表す．ガンマ関数は科学の様々なところに現れる重要な関数である．

例題 3.16 s を正の実数とする．$I = \displaystyle\int_0^\infty e^{-sx} \sin x \, dx$ および $J = \displaystyle\int_0^\infty e^{-sx} \cos x \, dx$ を求めよ．

解答 部分積分法により

$$I = \lim_{L\to\infty}\left(\left[-\frac{1}{s}e^{-sx}\sin x\right]_0^L + \frac{1}{s}\int_0^L e^{-sx}\cos x\,dx\right) = \frac{1}{s}J$$

$$J = \lim_{L\to\infty}\left(\left[-\frac{1}{s}e^{-sx}\cos x\right]_0^L - \frac{1}{s}\int_0^L e^{-sx}\sin x\,dx\right) = \frac{1}{s} - \frac{1}{s}I$$

となる．I, J は連立 1 次方程式

$$\begin{cases} sI - J = 0 \\ I + sJ = 1 \end{cases}$$

の解で

$$I = \frac{1}{s^2+1}, \quad J = \frac{s}{s^2+1}$$

である．◆

演習問題 3.5

3.5.1 次の広義積分の値を求めよ．

(1) $\displaystyle\int_0^1 x^{-\frac{1}{3}}\,dx$ (2) $\displaystyle\int_{-1}^1 \frac{x^2}{\sqrt{1-x^2}}\,dx$ (3) $\displaystyle\int_0^1 x\log x\,dx$

(4) $\displaystyle\int_0^\infty e^{-x}\,dx$ (5) $\displaystyle\int_0^\infty x^2 e^{-x}\,dx$ (6) $\displaystyle\int_0^\infty \frac{x}{1+x^4}\,dx$

3.5.2 a を正の実数とする．

(1) 広義積分 $\displaystyle\int_0^1 \frac{1}{x^a}\,dx$ が収束するような a の範囲を求めよ．

(2) 広義積分 $\displaystyle\int_1^\infty \frac{1}{x^a}\,dx$ が収束するような a の範囲を求めよ．

3.5.3 ガンマ関数 $\Gamma(s)$ は，$s > 1$ のとき

$$\Gamma(s) = (s-1)\Gamma(s-1)$$

をみたすことを示せ．

変数分離形微分方程式

気温が 20 度のある日，公園まで 20 分の場所にあるコンビニでコーヒーを買った．買ったばかりのコーヒーは 95 度であったが 10 分後には 90 度になっていた．さて，買ってから 20 分後に公園で飲むときにコーヒーは何度になっているであろうか？

買ってから t 分後のコーヒーの温度を y 度とすると

$$\frac{dy}{dt} = -C(y - 20) \qquad (C \text{ は定数}) \tag{3.21}$$

が成り立つことが知られている（**ニュートンの冷却法則**）．(3.21) のような未知の関数とその導関数および独立変数の関係式を**微分方程式**という．

(3.21) を解いてみよう．(3.21) の両辺を $y - 20$ で割った後に両辺を t について 0 から u まで積分すると

$$\int_0^u \frac{1}{y-20} \frac{dy}{dt}\, dt = \int_{y(0)}^{y(u)} \frac{1}{y-20}\, dy = -\int_0^u C\, dt = -Cu$$

となり $\left[\log|y-20|\right]_{y(0)}^{y(u)} = -Cu$ となる．ここで u を t に書き直して $y(0) = 95$ に注意すれば $y(t) - 20 = 75e^{-Ct}$ である．また $y(10) = 90$ から $e^{-10C} = \dfrac{70}{75}$ となり C はおよそ 0.0068 である．以上より

$$y(t) = 20 + 75e^{-0.0068t}$$

となる．$y(20)$ の近似値は 85.3 である．

未知数 t の関数 $y(t)$ の導関数が t の関数 $F(t)$ と y の関数 $G(y)$ の積に等しいことを表す

$$\frac{dy}{dt} = F(t)G(y) \tag{3.22}$$

はよく用いられる微分方程式である．この形の微分方程式を**変数分離形微分方程式**という．(3.21) は，(3.22) で $F(t) = -C$, $G(y) = y - 20$ としたものであり変数分離形微分方程式である．

Chapter 4 偏微分

4.1 多変数関数

4.1.1 基本的な用語

xy 平面の点 $P(a,b)$ を中心とする半径 r の円の内部の点全体の集合を $B_r(P)$ または $B_r(a,b)$ で表す.
$$B_r(P) = B_r(a,b) = \{(x,y) \mid \sqrt{(x-a)^2 + (y-b)^2} < r\}$$
である. $B_r(P)$ を, P を中心とする半径 r の**開円板**という.

S を xy 平面の点の集合とし, P を S の点とする.

$B_r(P) \subset S$ となる正の数 r が存在するとき P は S の**内点**であるという (図 4.1 参照). また, どんな正の数 r に対しても, $B_r(P)$ が S に含まれる点も, S

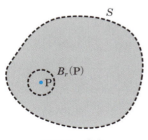

図 4.1 内点

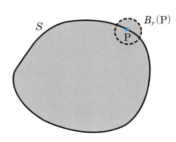

図 4.2 境界点

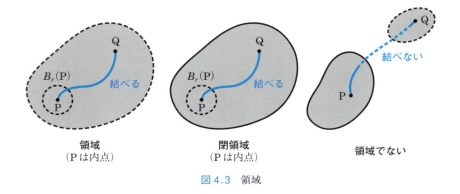

図 4.3　領域

に含まれない点も含むとき P は S の**境界点**であるという（図 4.2 参照）．S の境界点は S に含まれることも，含まれないこともある．S のすべての点が S の内点であるとき，S は**開集合**であるという．S が開集合のとき S の境界点は S に含まれない．S のすべての境界点が S に含まれるとき S は**閉集合**であるという．

S の任意の 2 点 P，Q を S 内の連続曲線で結ぶことができるとき，S は**連結**であるという．連結な開集合を**領域**という（図 4.3）．領域にすべての境界点をつけ加えた集合を**閉領域**という．

$(x, y) \in S$ ならば $|x| < R$ および $|y| < R$ となる正数 R が存在するとき，S は**有界集合**であるという．

$f(x, y)$ を，xy 平面の領域 D で定義された関数とする．

$P_0(a, b)$ を D の任意の点とする．任意の正数 ε に対して
$$\sqrt{(x-a)^2 + (y-b)^2} < \delta \quad \text{ならば} \quad |f(x, y) - A| < \varepsilon \tag{4.1}$$
が成り立つような $\delta\,(> 0)$ が存在するとき，点 $P(x, y)$ が $P_0(a, b)$ に近づくときの $f(x, y)$ の極限値は A であるという．点 $P(x, y)$ が $P_0(a, b)$ に近づくときの極限値が A であることを

$$\lim_{P \to P_0} f(x, y) = A, \qquad \lim_{(x,y) \to (a,b)} f(x, y) = A$$

などと表す.

例題 4.1 次を示せ.

(1) $\displaystyle\lim_{(x,y) \to (2,-1)} xy^2 = 2.$

(2) $\displaystyle\lim_{(x,y) \to (0,0)} \frac{(x+y)^3}{x^2+y^2} = 0.$

(3) 極限値 $\displaystyle\lim_{(x,y) \to (0,0)} \frac{2xy}{x^2+y^2}$ は存在しない.

解答 (1) $\displaystyle\lim_{(x,y) \to (2,-1)} xy^2 = 2(-1)^2 = 2.$

(2) 極座標 (r, θ) を用いて (4.1) を書き直すと,『任意の正数 ε に対して $r < \delta$ ならば $|f(r\cos\theta, r\sin\theta) - A| < \varepsilon$ が成り立つような $\delta\,(> 0)$ が存在する』となる. したがって $\displaystyle\lim_{(x,y) \to (0,0)} f(x, y) = A$ ならば, θ を任意の定数とするとき $\displaystyle\lim_{r \to 0} f(r\cos\theta, r\sin\theta) = A$ が成り立つ.

$f(x, y) = \dfrac{(x+y)^3}{x^2+y^2}$ とおくとき

$$f(x, y) = f(r\cos\theta, r\sin\theta) = r(\cos\theta + \sin\theta)^3$$
$$= 2\sqrt{2}\, r \sin^3(\theta + \pi/4)$$

となる. 任意の正数 ε に対して

$$\sqrt{(x-0)^2 + (y-0)^2} = r < \frac{\varepsilon}{2\sqrt{2}} \quad \text{ならば} \quad |f(x,y) - 0| < \varepsilon$$

となるから $\displaystyle\lim_{(x,y) \to (0,0)} \frac{(x+y)^3}{x^2+y^2} = 0$ である.

(3) $f(x, y) = \dfrac{2xy}{x^2+y^2}$ とおくとき, (2) と同様に極座標を用いて考える

と，
$$f(x,y) = f(r\cos\theta, r\sin\theta) = \sin 2\theta$$
となり $\lim_{r\to 0} f(r\cos\theta, r\sin\theta) = \sin 2\theta$ となる．この値は θ によって変化するから極限値 $\lim_{(x,y)\to(0,0)} \dfrac{2xy}{x^2+y^2}$ は存在しない． ◆

$f(x,y)$ を，xy 平面の領域 D で定義された関数とする．
$(a,b) \in D$ に対して
$$\lim_{(x,y)\to(a,b)} f(x,y) = f(a,b)$$
が成り立つとき，$f(x,y)$ は点 (a,b) において**連続**であるという．D のすべての点 (a,b) において $f(x,y)$ が連続であるとき，$f(x,y)$ は領域 D において**連続**であるという．

有界閉区間上の連続関数が最大値および最小値を持つこと（定理 1.7）に対応して次が成り立つ．

> **定理 4.1** $f(x,y)$ を，xy 平面の領域 D で定義された連続関数とする．S を D に含まれる有界閉集合とするとき $f(x,y)$ を S に制限した関数は最大値および最小値を持つ．

4.1.2　2 変数関数のグラフ

$f(x,y)$ を，開集合 $D = \{(x,y) \mid x^2 + y^2 < 1\}$ の上で定義された関数
$$f(x,y) = \sqrt{1-x^2-y^2}$$
として，xyz 空間の点の集合
$$S = \{(x,y,f(x,y)) \mid (x,y) \in D\}$$
を考える．(x,y,z) が S に含まれるとき $z = \sqrt{1-x^2-y^2}$ であるから $x^2 + y^2 + z^2 = 1$ が成り立つ．(x,y,z) は，原点 O を中心とする半径 1 の球の上にあり，さらに $z = f(x,y) > 0$ をみたす．すなわち，S は球面の xy 平

面より上にある部分である．

一般に，xy 平面の領域 D で定義された関数 $z = f(x, y)$ が与えられたとき

$$S = \{(x, y, f(x, y)) | (x, y) \in D\}$$

は曲面であると考えられる．

点 (x, y, z) が S の点であることと $z = f(x, y)$ が成り立つことが同じだから，S を**関数 $f(x, y)$ のグラフ**，**方程式 $z = f(x, y)$ が表す曲面**，または**曲面 $z = f(x, y)$** などという．

例題 4.2 次の関数のグラフを描け．
(1) $z = 1 - x - y$ (2) $z = x^2 + y^2$ (3) $z = x^2 - y^2$
(4) $z = y^2$

解答 (1) $z = 1 - x - y$ が表す曲面 S_1 が点 $(0, 0, 1)$ を通ることは明らかである．$z = 1 - x - y$ は $x + y + z - 1 = 0$ と書き直せて，さらに，内積を用いると

$$x + y + z - 1 = (1, 1, 1) \cdot (x, y, z - 1) = 0$$

となる．したがって，$z = 1 - x - y$ が表す曲面は，点 $(0, 0, 1)$ を通り，ベクトル $(1, 1, 1)$ に直交する平面である．以上をもとに S_1 の概形を描くと図 4.4 のようになる．
(2) $z = x^2 + y^2$ が表す曲面を S_2 とする．$z = x^2 + y^2$ において $y = 0$ とすると $z = x^2$ となるから，S_2 と xz 平面の交線は放物線 $z = x^2$ である．

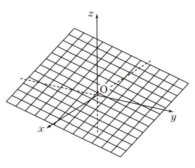

図 4.4 $z = 1 - x - y$

また $z = c$（正の定数）とすると $c = x^2 + y^2$ となるから，S_2 と，平面

$z=c$ の交線は点 $(0,0,c)$ を中心とする半径 $\sqrt{c}$ の円である．したがって，S_2 は，xz 平面上の放物線 $z=x^2$ を，z 軸のまわりに回転してできる曲面（**回転面**）である．以上をもとに S_2 の概形を描くと図 4.5 のようになる．

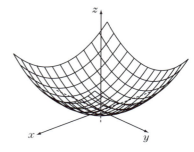

図 4.5　$z=x^2+y^2$

（3）　$z=x^2-y^2$ が表す曲面を S_3 とする．$z=x^2-y^2$ において $y=0$ とすると $z=x^2$ となるから，S_3 と xz 平面の交線は，下に凸な放物線 $z=x^2$ である．また，$z=x^2-y^2$ において $x=c$ （定数）とすると $z=c^2-y^2$ となるから，S_3 と平面 $x=c$ の交線は，上に凸な放物線 $z=c^2-y^2$ である．以上をもとに S_3 の概形を描くと図 4.6 のようになる．

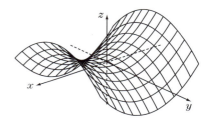

図 4.6　$z=x^2-y^2$

（4）　$z=y^2$ が表す曲面を S_4 とする．c を任意の定数として，S_4 と平面 $x=c$ の交線は，下に凸な放物線 $z=y^2$ である．以上をもとに S_4 の概形を描くと図 4.7 のようになる．◆

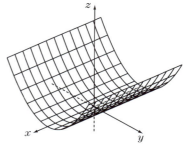

図 4.7　$z=x^2$

✓**注意**　（1）　a,b,c を実数とするき，$z=ax+by+c$ が表す曲面は，点 $(0,0,c)$ を通りベクトル $(a,b,-1)$ に直交する平面である．
（2）　$f(r)$ を，正の値をとる連続関数とする．$z=f(r)$ と $r=\sqrt{x^2+y^2}$ の合成関数 $z=f(\sqrt{x^2+y^2})$ は，xz 平面上の曲線 $z=f(x)$ を，z 軸のまわりに回転してで

きる曲面を表す．

演習問題 4.1

4.1.1 次の極限値を求めよ．

(1) $\displaystyle\lim_{(x,y)\to(1,-2)} (x^2 - 2x + y^2 + 4y + 5)$ (2) $\displaystyle\lim_{(x,y)\to(0,0)} \frac{x^3 + y^3}{x^2 + y^2}$

(3) $\displaystyle\lim_{(x,y)\to(1,-2)} \frac{(x-1)^3 + (y+2)^3}{x^2 - 2x + y^2 + 4y + 5}$

4.1.2 次の曲面の概形を描け．
  (1) $z = 1 - x^2 - y^2$ のグラフの $z \geq 0$ の部分．
  (2) $z = 1 - y^2$ ($|y| \leq 1$) を y 軸のまわりに 1 回転した曲面．
  (3) $z = \sin x$ $\left(0 \leq x \leq \dfrac{\pi}{2}\right)$ を z 軸のまわりに 1 回転した曲面．

4.1.3 次の平面の方程式を求めよ．
  (1) 3 点 $(1,0,0)$, $(0,2,0)$, $(0,0,3)$ を通る平面．
  (2) 点 $(1,1,1)$ を通り，ベクトル $(1,2,3)$ に直交する平面．

4.1.4 点 $(2,0,2)$ と $(5,3,2)$ を通り原点からの距離が 2 である平面の方程式をすべて求めよ．

4.2 偏微分

4.2.1 偏微分係数

関数 $f(x,y)$ が点 (a,b) を含む開集合で定義されているとする．

関数 $f(x,y)$ の変数 y を $y = b$ に固定すると，x に $f(x,b)$ を対応させる関数が得られる．この関数を $\varphi(x)$ とおく．$\varphi(x) = f(x,b)$ である．

$\varphi(x)$ の $x = a$ における微分係数 $\varphi'(a)$ を $f_x(a,b)$ と書くことにすると，導関数の定義 (2.1) から

$$f_x(a,b) = \varphi'(a) = \lim_{x \to a} \frac{\varphi(x) - \varphi(a)}{x - a} = \lim_{x \to a} \frac{f(x,b) - f(a,b)}{x - a} \tag{4.2}$$

である．同様に，y の関数 $\psi(y) = f(a,y)$ を考えて，$\psi(y)$ の $y = b$ における微分係数 $\psi'(b)$ を $f_y(a,b)$ と書くことにすると

$$f_y(a,b) = \lim_{y \to b} \frac{f(a,y) - f(a,b)}{y - b} \tag{4.3}$$

である[*]．$f_x(a,b)$ を，$f(x,y)$ の点 (a,b) における x に関する**偏微分係数**といい，$f_y(a,b)$ を，$f(x,y)$ の点 (a,b) における y に関する偏微分係数という．

適当な正数 r があって

$$0 < (x-a)^2 + (y-b)^2 < r^2 \quad \text{ならば} \quad f(a,b) < f(x,y) \tag{4.4}$$

が成り立つとき，関数 $z = f(x,y)$ は，点 (a,b) において**極小値**をとるという．同様に，適当な正数 r があって

$$0 < (x-a)^2 + (y-b)^2 < r^2 \quad \text{ならば} \quad f(a,b) > f(x,y) \tag{4.5}$$

が成り立つとき，関数 $z = f(x,y)$ は，点 (a,b) において**極大値**をとるという．極小値と極大値をまとめて**極値**という．

関数 $f(x,y)$ が，点 (a,b) において極小値をとるとする．

変数 y の値を b に固定してできた関数 $\varphi(x) = f(x,b)$ に対して，(4.4) から

$$0 < |x - a| < r \quad \text{ならば} \quad \varphi(a) < \varphi(x)$$

が成り立つから，φ は $x = a$ において極小値をとる．φ が $x = a$ において極小値をとるとき $\varphi'(a) = 0$ が成り立つから $f_x(a,b) = 0$ となる．同様に $\psi'(a) = f_y(a,b) = 0$ も成り立つ．

---

[*] (4.2) や (4.3) の右辺の極限値が存在しないこともある．(4.2) および (4.3) の右辺の極限値が存在するとき，$f(x,y)$ は，点 (a,b) において**偏微分可能**であるという．<u>本書では，考える関数はすべて偏微分可能であるとする</u>．

関数 $f(x,y)$ が，点 (a,b) において極大値をとる場合も同様だから次が成り立つ．

> **定理 4.2** 点 (a,b) を含む開集合で定義された関数 $z=f(x,y)$ が，(a,b) において極値（最大値または最小値でもよい）をとるならば
> $$f_x(a,b) = f_y(a,b) = 0$$
> が成り立つ．

4.2.2 偏導関数

関数 $z=f(x,y)$ が，領域 D で定義されているとき，D の各点 (x,y) に，(x,y) における偏微分係数 $f_x(x,y)$（または $f_y(x,y)$）を対応させる関数を考えることができる．この関数を，f の x に関する**偏導関数**（または y に関する偏導関数）といい[*]

$$z_x(x,y), \quad f_x(x,y), \quad \frac{\partial z}{\partial x}(x,y), \quad \frac{\partial f}{\partial x}(x,y)$$

$$\left(\text{または} \quad z_y(x,y), \quad f_y(x,y), \quad \frac{\partial z}{\partial y}(x,y), \quad \frac{\partial f}{\partial y}(x,y)\right)$$

と書く．f_x を求めることを，$f(x,y)$ を x について**偏微分する**といい，f_y を求めることを，$f(x,y)$ を y について偏微分するという．

> **例題 4.3** 次の関数を x および y について偏微分せよ．
> (1) $z = x^3 + 3xy + y^2$ (2) $z = \dfrac{x}{x^2+y^2}$ (3) $z = \tan^{-1}\dfrac{y}{x}$

解答 (1) $f(x,y) = x^3 + 3xy + y^2$ とおく．b を定数として y を b に固定してできる関数 $\varphi(x) = f(x,b) = x^3 + 3xb + b^2$ を考える．$\varphi'(x) =$

---

[*] ∂ は「**デルタ**」と読む．$\dfrac{\partial z}{\partial y}$ は「デルタゼットデルタワイ」と読むが，省略して「**デルゼットデルワイ**」と読むこともある．また，微分の記号 d と区別するために ∂ を「**ラウンドディー**」と読むことも，「**ラウンド**」と省略して読むこともある．

$3x^2 + 3b$ だから $f_x(a, b) = \varphi'(a) = 3a^2 + 3b$ である．ここで a を x, b を y に置き換えると $f_x(x, y) = z_x(x, y) = 3x^2 + 3y$ である．$f_y(x, y) = z_y(x, y)$ も同様に求めることができて

$$z_x = 3x^2 + 3y, \quad z_y = 3x + 2y$$

である．

　上の計算では，$y = b$ とおいて関数 $\varphi(x)$ を作って計算したが，z_x を求めるには，y を定数とみなして，z を x で微分すればよく，z_y を求めるには，x を定数とみなして，z を y で微分すればよい．以下，そのように計算する．

(2)　商の微分の公式 (2.5) を用いて

$$z_x(x, y) = \frac{1 \cdot (x^2 + y^2) - x \cdot (2x)}{(x^2 + y^2)^2} = \frac{-x^2 + y^2}{(x^2 + y^2)^2},$$

$$z_y(x, y) = \frac{-x \cdot (2y)}{(x^2 + y^2)^2} = \frac{-2xy}{(x^2 + y^2)^2}$$

である．

(3)　$t = \dfrac{y}{x}$ とおくと $z = \tan^{-1} t$ であり，合成関数の微分の公式 (定理 2.3) より

$$\frac{\partial z}{\partial x} = \frac{dz}{dt}\frac{\partial t}{\partial x}, \quad \frac{\partial z}{\partial y} = \frac{dz}{dt}\frac{\partial t}{\partial y}$$

が成り立つ．ここで，左辺では z を x および y の関数 (2 変数関数) と考えているから偏微分を表す記号 ∂ が用いられ，右辺では z を t の関数 (1 変数関数) と考えているから d が用いられていることに注意が必要である．$\dfrac{dz}{dt} = (\tan^{-1} t)' = \dfrac{1}{t^2 + 1}$ で

$$\frac{\partial z}{\partial x} = \frac{dz}{dt}\frac{\partial t}{\partial x} = \frac{1}{t^2 + 1}\frac{-y}{x^2} = \frac{-y}{x^2 + y^2},$$

$$\frac{\partial z}{\partial y} = \frac{dz}{dt}\frac{\partial t}{\partial y} = \frac{1}{t^2 + 1}\frac{1}{x} = \frac{x}{x^2 + y^2}$$

である. ◆

4.2.3 高次偏導関数

関数 $z = f(x, y)$ の導関数 $f_x(x, y)$, $f_y(x, y)$ も (x, y) の関数だから，それぞれ x (または y) に関する偏導関数を考えることができる．$z_x = f_x$ の x (または y) に関する偏導関数をそれぞれ

$$f_{xx}, \quad \frac{\partial^2 f}{\partial x^2}, \quad z_{xx}, \quad \frac{\partial^2 z}{\partial x^2}$$

$$\left(\text{または} \quad f_{xy}, \quad \frac{\partial^2 f}{\partial y \partial x}, \quad z_{xy}, \quad \frac{\partial^2 z}{\partial y \partial x}\right)$$

などと書き，$z_y = f_y$ の x (または y) に関する偏導関数をそれぞれ

$$f_{yx}, \quad \frac{\partial^2 f}{\partial x \partial y}, \quad z_{yx}, \quad \frac{\partial^2 z}{\partial x \partial y}$$

$$\left(\text{または} \quad f_{yy}, \quad \frac{\partial^2 f}{\partial y^2}, \quad z_{yy}, \quad \frac{\partial^2 z}{\partial y^2}\right)$$

などと書く．これらをまとめて $f(x, y)$ の**第 2 次偏導関数**という．さらに偏微分をくり返すと**第 3 次偏導関数**

$$f_{xyx} = \frac{\partial^3 f}{\partial x \partial y \partial x}, \quad f_{xyy} = \frac{\partial^3 f}{\partial y^2 \partial x}$$

などが得られる．偏微分を n 回くり返し行って得られる関数を**第 n 次偏導関数**という．

以下，本書では，何回でも偏微分できる関数のみを考えることにする．

f_x の y に関する偏導関数は，f_x のように微分した変数を f の右下に小さく書く記法では f_{xy} となるのに対して，∂ を用いた記法では $\dfrac{\partial^2 f}{\partial y \partial x}$ となり，x と y の順序が逆になる．これらのことから，高次の偏導関数の扱いは厄介なように思えるが，一般に次が成り立つことが知られている．

> **定理 4.3** x, y の関数 $z = f(x, y)$ が何回でも偏微分できるとき
> $$z_{xy} = z_{yx}$$
> が成り立つ.

定理の主張を次の例題で確認しておこう.

> **例題 4.4** 次の関数の 2 次偏導関数 z_{xy} および z_{yx} を求めよ.
> (1)　$z = x^3 + 3xy + y^3$　　　(2)　$z = e^{x-y}\sin(x+y)$

解答　(1) $z_x = 3x^2 + 3y$ を y について偏微分して $z_{xy} = 3$ となり, $z_y = 3x + 3y^2$ を x について偏微分して $z_{yx} = 3$ となる.
(2)　$z_x = e^{x-y}\sin(x+y) + e^{x-y}\cos(x+y)$ で
$$\begin{aligned}z_{xy} &= -e^{x-y}\sin(x+y) + e^{x-y}\cos(x+y) \\ &\quad - e^{x-y}\cos(x+y) - e^{x-y}\sin(x+y) \\ &= -2e^{x-y}\sin(x+y)\end{aligned}$$
となる. また $z_y = -e^{x-y}\sin(x+y) + e^{x-y}\cos(x+y)$ で
$$\begin{aligned}z_{yx} &= -e^{x-y}\sin(x+y) - e^{x-y}\cos(x+y) \\ &\quad + e^{x-y}\cos(x+y) - e^{x-y}\sin(x+y) \\ &= -2e^{x-y}\sin(x+y)\end{aligned}$$
となる.
　(1), (2) ともに, $z_{xy} = z_{yx}$ が成り立っている.　◆

定理 4.3 によって第 n 次偏導関数は, 一般に $\dfrac{\partial^{p+q} f}{\partial x^p \partial y^q}$ ($p + q = n$) の形で表せる.

> **例 4.1**　　$\dfrac{\partial^3 f}{\partial x \partial y \partial x} = \dfrac{\partial^3 f}{\partial x^2 \partial y}, \quad \dfrac{\partial^4 f}{\partial x \partial y \partial x \partial y} = \dfrac{\partial^4 f}{\partial x^2 \partial y^2}.$　◆

4.2.4　変数が 3 個以上の関数

様々な現象を数式を用いて記述するためには, 3 つ以上の変数を用いなけ

例として，4つの変数 x, y, z, w が $w = x^2 - y^2 + 3z^2 - xyz$ をみたしながら変化する場合を考えよう．このとき，x, y, z の値にともなって w の値も変化する．この例の変数 w のように，w の値が x, y, z の値を定めるごとに定まることを，$w = w(x, y, z)$ のように表す*．

変数が3個以上ある場合にも，1つの変数のみを変化させ，他の変数は定数とみなすことによって偏導関数が定義され，高次偏導関数も定義される．$w = x^2 - y^2 + 3z^2 - xyz$ のとき

$$w_x = 2x - yz, \quad w_y = -2y - xz, \quad w_z = 6z - xy$$

であり，第2次偏導関数は

$$w_{xx} = 2, \quad w_{yy} = -2, \quad w_{zz} = 6,$$
$$w_{xy} = -z, \quad w_{xz} = -y, \quad w_{yz} = -x$$

である．

演習問題 4.2

4.2.1 次の関数の偏導関数 z_x, z_y を求めよ．

(1) $z = 1 - x - y$ (2) $z = x^2 + y^2$

(3) $z = x^3 + y^3 + xy$ (4) $z = e^{x+y} \cos(x - y)$

(5) $z = \log \left| \dfrac{x}{x^2 - y^2} \right|$ (6) $z = \dfrac{1}{(x^2 + y^2)^{\frac{3}{2}}}$

4.2.2 次の関数の偏導関数 $z_x, z_y, z_{xx}, z_{xy}, z_{yx}, z_{yy}$ を求めよ．

(1) $z = f(x, y) = x^4 + 4xy + y^4$ (2) $z = f(x, y) = xye^{x+y}$

(3) $z = f(x, y) = \sin^{-1}\left(\dfrac{y}{x}\right) \quad (x > 0)$

4.2.3 $z_{xx} + z_{yy} = 0$ をみたす関数を **調和関数** という．次の関数が調和関数であ

---

* 実数の組 (x, y, z) に対して実数 w を対応させる関数が定義されているが，関数には ($y = f(x)$ における f のような) 名前をつけず，従属変数に割り当てられた文字 w を関数名として用いている．

ることを示せ.

(1)　$z = f(x, y) = x^3 - 3xy^2$　　　(2)　$z = f(x, y) = e^{-y} \cos x$

(3)　$z = f(x, y) = \cos x \sinh y + \sin x \cosh y$

4.2.4　$P(x, y) = x^2 + y^2$, $Q(x, y) = xy^2$ とする. 定理 4.3 に注意して, $z_x = P$, $z_y = Q$ をみたす関数 $z = z(x, y)$ が存在しないことを示せ.

4.2.5　(1)　一般に次が成り立つことを示せ.

$$\int_a^b h_x(t, y)\,dt = h(b, y) - h(a, y).$$

(2)　次の条件をみたす関数 $z = h(x, y)$ を求めよ.
$$h(0, 0) = 1, \quad h_x = 2x + 3y, \quad h_y = 3x + 3y^2.$$

4.3　合成関数の導関数

4.3.1　合成関数の微分の公式

D を xy 平面の領域とし, 関数 $f(x, y)$ を, D で定義された関数とする. また, C を D 内の曲線とし, C は媒介変数方程式

$$x = x(t), \quad y = y(t)$$

によって表されているとする.

曲線 C の点 $(x(t), y(t))$ を通り, xy 平面に垂直な直線 ℓ と, 曲面 $z =$

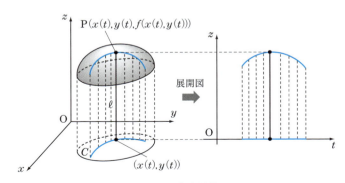

図 4.8　合成関数

$f(x, y)$ の交点を P とすると，P の座標は
$$P(x(t), y(t), f(x(t), y(t)))$$
である（図 4.8）．実数 t に対して P の z 座標 $z = f(x(t), y(t))$ を対応させる関数は 1 変数 t のみの関数である．この関数を $z = z(t)$ と書くとき，z の導関数について次が成り立つ．

> **定理 4.4** D を xy 平面の領域とし，$z = f(x, y)$ を D で定義された関数とする．C^1 級関数 $x = x(t)$，$y = y(t)$ が，D 内の曲線の媒介変数方程式であるとき，合成関数 $z = z(t) = z(x(t), y(t))$ は微分可能で
> $$\frac{dz}{dt} = \frac{\partial z}{\partial x}\frac{dx}{dt} + \frac{\partial z}{\partial y}\frac{dy}{dt} \tag{4.6}$$
> が成り立つ．

定理 4.4 の証明の前に，例を用いて (4.6) が成り立つことを確認してみよう．

> **例題 4.5** $z = f(x, y) = e^x \cos y$，$x = x(t) = t^2$，$y = y(t) = t^3$ に対して (4.6) が成り立つことを確かめよ．

解答 (4.6) の左辺は，$f(x, y)$ に $x = x(t)$，$y = y(t)$ を代入してできる t の関数 $z(t) = f(x(t), y(t)) = e^{t^2} \cos(t^3)$ の導関数で
$$\frac{dz}{dt} = 2te^{t^2} \cos(t^3) - 3t^2 e^{t^2} \sin(t^3) \tag{4.7}$$
となる．一方，(4.6) の右辺は，まず各項を計算すると
$$\frac{\partial z}{\partial x} = e^x \cos y, \quad \frac{dx}{dt} = 2t, \quad \frac{\partial z}{\partial y} = -e^x \sin y, \quad \frac{dy}{dt} = 3t^2$$
となり
$$\frac{\partial z}{\partial x}\frac{dx}{dt} + \frac{\partial z}{\partial y}\frac{dy}{dt} = e^x \cos y \cdot (2t) - e^x \sin y \cdot (3t^2) \tag{4.8}$$
となる．(4.8) に，$x = t^2$，$y = t^3$ を代入すると

$$\frac{dx}{dt}\frac{\partial z}{\partial x} + \frac{dy}{dt}\frac{\partial z}{\partial y} = e^{t^2}\cos(t^3)\cdot(2t) - e^{t^2}\sin(t^3)\cdot(3t^2)$$

となり (4.6) が成り立つことがわかる. ◆

定理 4.4 の証明　定義から

$$\frac{dz}{dt} = \lim_{h \to 0} \frac{f(x(t+h), y(t+h)) - f(x(t), y(t))}{h}$$

$$= \lim_{h \to 0} \frac{f(x(t+h), y(t+h)) - f(x(t), y(t+h))}{h}$$

$$\quad + \lim_{h \to 0} \frac{f(x(t), y(t+h)) - f(x(t), y(t))}{h} \quad (4.9)$$

となる.

$y(t+h) - y(t) = \eta$ とおくと $f(x(t), y(t+h)) = f(x(t), y(t) + \eta)$ となる. さらに $h \to 0$ のとき $\eta \to 0$ となることに注意して極限をとると

$$\lim_{h \to 0} \frac{f(x(t), y(t+h)) - f(x(t), y(t))}{h}$$

$$= \lim_{h \to 0} \frac{f(x(t), y(t) + \eta) - f(x(t), y(t))}{\eta} \frac{y(t+h) - y(t)}{h}$$

$$= \frac{\partial f}{\partial y}(x(t), y(t))\, y'(t)$$

となる. (4.9) の第 1 項についても, ほぼ同様に計算できる. ∎

4.3.2　線形近似と接平面

1 変数の関数 $F(t)$ の, $t = 0$ における値 $F(0)$ と微分係数 $F'(0)$ とが与えられたとする. テイラーの定理 (44 ページ, 定理 2.18) において $a = 0$, $n = 2$ としたときの剰余項を R_2 とする. h ($h > 0$) が十分小さければ, R_2 を無視して $F(h)$ を次のように h の 1 次関数で近似することができる.

$$F(h) \approx F(0) + F'(0)h. \quad (4.10)$$

2 変数関数 $f(x, y)$ の, 点 (a, b) における値 $f(a, b)$ と偏微分係数 $f_x(a, b)$ および $f_y(a, b)$ とが与えられたとする.

α, β が十分小さいとき，(4.10) と定理 4.4 を用いて，$f(x)$ の $(a+\alpha, b+\beta)$ における値 $f(a+\alpha, b+\beta)$ の近似値を求めることができる．

h および θ $(0 \leq \theta < 2\pi)$ を $\alpha = h\cos\theta$, $\beta = h\sin\theta$ となるものとする．

t を変数とする関数 $F(t)$ を，$F(t) = f(a+t\cos\theta, b+t\sin\theta)$ により定める．$x = x(t) = a+t\cos\theta$, $y = y(t) = b+t\sin\theta$ として定理 4.4 を用いると

$$F'(0) = \cos\theta \, \frac{\partial f}{\partial x}(a,b) + \sin\theta \, \frac{\partial f}{\partial y}(a,b) \tag{4.11}$$

となり，(4.10) から

$$F(h) = f(a+\alpha, b+\beta)$$
$$\approx f(a,b) + \alpha \frac{\partial f}{\partial x}(a,b) + \beta \frac{\partial f}{\partial y}(a,b) \tag{4.12}$$

となる．

(4.12) は α および β が十分小さいとき，$f(a+\alpha, b+\beta)$ の値が (4.12) の右辺の値とみなせることを示す式であり，すべての α, β に対して成り立つものではないが (4.12) において，α, β がすべての実数を動くものと考えてみる．$X = a+\alpha$, $Y = b+\beta$ として，(4.12) の右辺の値を Z とおくと

$$Z - f(a,b) = A(X-a) + B(Y-b) \tag{4.13}$$

となる．ただし，ここで $A = f_x(a,b)$, $B = f_y(a,b)$ とおいた．(4.13) は，2 つのベクトル $(X-a, Y-b, Z-f(a,b))$ と $(A, B, -1)$ が直交することと同値であり，点 (X, Y, Z) が，点 $(a, b, f(a,b))$ を通りベクトル $(A, B, -1)$ に直交する平面の上にあることを示す式である．

(4.13) が表す平面の幾何学的な意味を考えてみよう．

$z = f(x, y)$ が表す曲面の上にある曲線 C

$(x(t), y(t), F(t)) = (a+t\cos\theta, b+t\sin\theta, f(a+t\cos\theta, b+t\sin\theta))$

の，点 $(a, b, f(a,b))$ における接線を ℓ とする (図 4.9)．ℓ の方向ベクトルを $\boldsymbol{v} = (x'(0), y'(0), F'(0))$ とすると (4.11) から，$A = f_x(a,b)$, $B = f_y(a,b)$

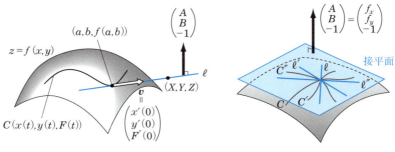

図 4.9 曲面上の曲線の接線　　　図 4.10 接平面

として
$$\boldsymbol{v} = (x'(0), y'(0), F'(0))$$
$$= (\cos\theta, \sin\theta, A\cos\theta + B\sin\theta) \quad (4.14)$$

となる．$\boldsymbol{v} \cdot (A, B, -1) = 0$ より，$\boldsymbol{v}$ はベクトル $(A, B, -1)$ に直交する．したがって，ℓ は (4.13) が表す平面の上にある．

(4.13) が表す平面は，点 $(a, b, f(a, b))$ を通り曲面 $z = f(x, y)$ の上にあるすべての曲線の接線を含む平面である．これを，関数 $f(x, y)$ が表す曲面 $z = f(x, y)$ の，点 $(a, b, f(a, b))$ における**接平面**という．変数をすべて小文字で表すと，接平面の方程式は

$$z = f(a, b) + \frac{\partial f}{\partial x}(a, b)(x - a) + \frac{\partial f}{\partial y}(a, b)(y - b) \quad (4.15)$$

である（図 4.10）．

例題 4.6 $f(x, y) = x^3 - 2xy + 2y^2$ とする．曲面 $z = f(x, y)$ の，点 $(1, 1, 1)$ における接平面の方程式を求めよ．

解答 $z_x = 3x^2 - 2y$, $z_y = -2x + 4y$ であり，$z_x(1, 1) = 1$, $z_y(1, 1) = 2$ だから，接平面の方程式は (4.15) から $z - 1 = (x - 1) + 2(y - 1)$, すなわち

$$z = x + 2y - 2$$

である．◆

4.3.3 全微分

接平面の方程式 (4.15) における z の値は，点 (x, y) が (a, b) に十分近いとき $f(x, y)$ の近似値であると考えられる．例えば，例題 4.6 の曲面の接平面は $g(x, y) = x + 2y - 2$ とおけば $z = g(x, y)$ と表されるが，$f(x, y)$ と $g(x, y)$ の差の絶対値（誤差）は (x, y) が $(a, b) = (1, 1)$ の近くの点のとき，例えば，$(x, y) = (1.1, 1.1)$ または $(x, y) = (0.9, 0.9)$ とすると

$$|f(1.1, 1.1) - g(1.1, 1.1)| = 0.031,$$
$$|f(0.9, 0.9) - g(0.9, 0.9)| = 0.029$$

となり，十分に小さい値である．

一方，(x, y) が $(a, b) = (1, 1)$ の近くの点でないとき，例えば $(x, y) = (2, 2)$ とすると $|f(2, 2) - g(2, 2)| = 4$ となり $g(x, y)$ と $f(x, y)$ の値の差は大きくなっている．

そこで，接平面の方程式 (4.15) において x および y は，それぞれ a および b に十分に近い範囲を動くものとする．$x - a$ および $y - b$ が，それぞれ十分に小さい値だけをとることを表すために，$x - a$ および $y - b$ をそれぞれ dx および dy で表す．x および y が，それぞれ a および b に十分に近い範囲を動くとき，$f(x, y) - f(a, b)$ も十分に小さい値をとるので，この値を dz と書くことにする．

以上の設定のもとで，$f(x, y)$ の値は接平面上の点の z 座標に等しいと考えることができるから (4.15) から

$$dz = \frac{\partial z}{\partial x} dx + \frac{\partial z}{\partial y} dy \tag{4.16}$$

を得る．

(4.16) の右辺を z の**全微分**という．

演習問題 4.3

4.3.1 $z = f(x, y) = x^2 \sin y$, $x = x(t) = \cos t$, $y = y(t) = t^5$ に対して，(4.6) が成り立つことを確かめよ．

4.3.2 次の関数 $f(x, y)$ に対して，曲面 $z = f(x, y)$ の，指定された点における接平面の方程式を求めよ．
(1) $f(x, y) = x^3 - xy + y^3$, $(x, y) = (1, 1)$．
(2) $f(x, y) = (x + y) e^{x-y}$, $(x, y) = (1, 1)$．

4.3.3 次の関数 $z = f(x, y)$ の全微分 dz を求めよ．
(1) $f(x, y) = x^3 - 3xy + y^3$
(2) $f(x, y) = (x + y) e^{x-y}$

4.3.4 $z = z(x, y)$, $x = x(u, v)$, $y = y(u, v)$ のとき次が成り立つことを示せ．
$$\frac{\partial z}{\partial u} = \frac{\partial z}{\partial x} \frac{\partial x}{\partial u} + \frac{\partial z}{\partial y} \frac{\partial y}{\partial u}$$
$$\frac{\partial z}{\partial v} = \frac{\partial z}{\partial x} \frac{\partial x}{\partial v} + \frac{\partial z}{\partial y} \frac{\partial y}{\partial v}$$

4.3.5 $x = u \cos v$, $y = u \sin v$ とするとき次を示せ．
(1) $yz_x - xz_y = 0$ ならば $z = z(x, y)$ は u だけの関数である．
(2) $xz_x + yz_y = 0$ ならば $z = z(x, y)$ は v だけの関数である．

4.4 2変数関数の極値

xy 平面の領域 D で定義された関数 $f(x, y)$ が点 $(x, y) = (a, b)$ において極値をとるとき $f_x(a, b) = f_y(a, b) = 0$ が成り立つことを 4.2 節で見た．本節では，上の条件が成り立つとき，$f(x, y)$ が点 $(x, y) = (a, b)$ において極値をとるかどうかについて調べる．

4.4.1 合成関数の第 2 次導関数

$f(x, y)$ を xy 平面の領域 D で定義された関数とし，(a, b) を D の内点とする．

h, k を定数として，t の関数 $x = ht + a$, $y = kt + b$ と $z = f(x, y)$ の合

成関数 $z = z(t) = f(a + ht, b + kt)$ を考える．$z(t)$ が $t = 0$ において極値をとるかどうかを調べるために $z''(0)$ を計算しよう．

$z(t)$ の導関数は (4.6) により

$$z'(t) = \frac{dz}{dt} = \frac{\partial z}{\partial x} h + \frac{\partial z}{\partial y} k = z_x h + z_y k \qquad (4.17)$$

となり，両辺を t で微分すると

$$z''(t) = \frac{d^2 z}{dt^2} = \frac{dz_x}{dt} h + \frac{dz_y}{dt} k$$

となる．(4.6) を z_x および z_y に対して用いると

$$\frac{dz_x}{dt} = z_{xx} h + z_{xy} k, \qquad \frac{dz_y}{dt} = z_{yx} h + z_{yy} k$$

となり

$$z''(0) = f_{xx}(a,b) h^2 + 2 f_{xy}(a,b) hk + f_{yy}(a,b) k^2 \qquad (4.18)$$

となる．

4.4.2　2変数関数の極値

関数 $f(x, y)$ が，点 $(x, y) = (a, b)$ において極値をとるならば，

$$f_x(a, b) = f_y(a, b) = 0 \qquad (4.19)$$

が成り立つことは既に示した．関数 $f(x, y)$ が，点 $(x, y) = (a, b)$ において極値をとるならば，$z(t) = f(a + ht, b + kt)$ も $t = 0$ において極値をとることは極値の定義 (37 および 104 ページ参照) から明らかである．逆に，すべての (h, k) $(\neq (0, 0))$ に対して $z(t) = f(a + ht, b + kt)$ が $t = 0$ において極大値 (または極小値) をとるならば，関数 $f(x, y)$ が点 $(x, y) = (a, b)$ において極大値 (または極小値) をとることは容易にわかるであろう．

そこでまず，極値をとるための必要条件 (4.19) を仮定するとともに，h, k ($(h, k) \neq (0, 0)$) を固定し，t の関数 $z(t) = f(a + ht, b + kt)$ が $t = 0$ において極値をとるかどうかについて調べることにする．(4.19) が成り立つとき (4.17) によって h, k の値に無関係に $z'(0) = 0$ が成り立つから，$z(t)$

$= f(ht+a, kt+b)$ は $t = 0$ において極値をとる可能性がある．定理 2.24 を利用すれば，(4.19) が成り立つときに $z(t)$ が $t = 0$ において極値をとるかどうかを判定することができる．

$$A = f_{xx}(a,b), \quad B = f_{xy}(a,b) = f_{yx}(a,b), \quad C = f_{yy}(a,b)$$

とおくと，(4.18) から

$$z''(0) = Ah^2 + 2Bhk + Ck^2 \tag{4.20}$$

となり次がわかる（定理 2.24 参照）．

（イ） $z''(0) = Ah^2 + 2Bhk + Ck^2 > 0$ ならば $z(t)$ は $t = 0$ において極小値をとる．

（ロ） $z''(0) = Ah^2 + 2Bhk + Ck^2 < 0$ ならば $z(t)$ は $t = 0$ において極大値をとる．

以上の準備のもとに次を示そう．

> **定理 4.5** $z = f(x, y)$ を xy 平面の領域 D で定義された何回でも微分できる関数とし，D 内の点 (a, b) において
> $$f_x(a,b) = f_y(a,b) = 0$$
> が成り立つとする．
> $$H(a,b) = \begin{vmatrix} f_{xx}(a,b) & f_{xy}(a,b) \\ f_{yx}(a,b) & f_{yy}(a,b) \end{vmatrix} = f_{xx}(a,b)f_{yy}(a,b) - (f_{xy}(a,b))^2$$
> とおく．$H(a,b)$ を**ヘッセ行列式**（**ヘシアン**）という．
> (1) $H(a,b) > 0$ のとき
>   (i) $f_{xx}(a,b) > 0$ ならば $z = f(x, y)$ は，(a, b) において極小値をとる．
>   (ii) $f_{xx}(a,b) < 0$ ならば $z = f(x, y)$ は，(a, b) において極大値をとる．
> (2) $H(a,b) < 0$ のとき $z = f(x, y)$ は，(a, b) において極値をとらない．

証明 すべての (h, k) $(\neq (0, 0))$ に対して $z(t) = f(a + ht, b + kt)$ が $t =$

0 において極大値 (または極小値) をとるならば, 関数 $f(x, y)$ が点 $(x, y) = (a, b)$ において極大値 (または極小値) をとるのであったから, (4.20) の右辺 $Ah^2 + 2Bhk + Ck^2$ が $(h, k) \neq (0, 0)$ のときに符号を変えるかどうかが問題となる.

(1) $H(A, B) = AC - B^2 > 0$ とする. このとき $A \neq 0$ で, A と
$$Ah^2 + 2Bhk + Ck^2 = A\left\{\left(h + \frac{B}{A}k\right)^2 + \frac{AC - B^2}{A^2}k^2\right\}$$
は同符号である.

$A = z_{xx}(a, b) > 0$ のとき, すべての (h, k) $(\neq (0, 0))$ に対して $z''(0) = Ah^2 + 2Bhk + Ck^2 > 0$ となるから (イ) により (h, k) によらず $z(t) = f(ht + a, kt + b)$ は $t = 0$ において極小値をとる, すなわち $z = f(x, y)$ は点 (a, b) において極小値をとることがわかる.

同様に, $A < 0$ のとき $z = f(x, y)$ は点 (a, b) において極大値をとることもわかる.

(2) $H(A, B) = AC - B^2 < 0$ とする. このとき $z''(0) = Ah^2 + 2Bhk + Ck^2$ の値は, (h, k) によって, 正にも負にもなるから $z = f(x, y)$ は点 (a, b) において極値をとらない.

以上で定理が示された. ■

例題 4.7 関数 $f(x, y) = x^3 - 3xy - y^3$ の極値を求めよ.

解答 $f(x, y)$ が, 点 $(x, y) = (a, b)$ において極値をとるとすると, 定理 4.2 によって
$$f_x(a, b) = 3a^2 - 3b = 0 \quad および \quad f_y(a, b) = -3a - 3b^2 = 0$$
が成り立つ. このとき $a^2 - b = a + b^2 = 0$ となり, $(a, b) = (0, 0)$ または $(a, b) = (-1, 1)$ である.

次に, 定理 4.5 を用いて, それぞれの点において $f(x, y)$ が極値をとるかどうかを調べる.

$f_{xx} = 6x$, $f_{xy} = -3$, $f_{yy} = -6y$ で
$$H(a, b) = -36ab - 9$$
である．

- $(a, b) = (0, 0)$ のとき，ヘッセ行列式の値は $H(0, 0) = -9 < 0$ となるから $f(x, y)$ は，点 $(x, y) = (0, 0)$ において極値をとらない．
- $(a, b) = (-1, 1)$ のとき，ヘッセ行列式の値は $H(-1, 1) = 27 > 0$ で $f_{xx}(-1, 1) = -6 < 0$ だから $f(x, y)$ は，点 $(x, y) = (-1, 1)$ において極大値 $f(-1, 1) = 1$ をとる． ◆

例題 4.8 3辺の長さ x, y, z の和が $2l$ である三角形の面積は
$$S = \sqrt{l(l-x)(l-y)(l-z)}, \quad x + y + z = 2l$$
で与えられる（ヘロンの公式）．

l を定数とする．3辺の長さの和が $2l$ に等しい三角形のうちで面積が最大であるのは正三角形であることを示せ．

解答 x, y, $z = 2l - x - y$ が三角形の成立条件をみたすのは (x, y) が有界閉集合 $D = \{(x, y) \mid x \leq l, y \leq l, x + y \geq l\}$ の内部にあるときである．xy 平面全体で定義された関数 $f(x, y) = l(l-x)(l-y)(x+y-l)$ を考える．$f(x, y)$ は xy 平面全体で連続な関数だから，D 上で最大値および最小値をとる．(x, y) が D の内部の点であるとき，ヘロンの公式により，3辺の長さが x, y, $2l - x - y$ である三角形の面積 S は $\sqrt{f(x, y)}$ に等しい．

関数 $\sqrt{f(x, y)}$ が $(a, b) \in D$ において最大値をとるならば $f(x, y)$ も $(a, b) \in D$ において最大値をとることは明らかである．

$f(x, y)$ が $(a, b) \in D$ において最大値をとるとすると，定理 4.2 により $f_x(a, b) = f_y(a, b) = 0$ となる．
$$f_x(a, b) = l(l - b)(2l - 2a - b) = 0,$$
$$f_y(a, b) = l(l - a)(2l - a - 2b) = 0$$
だから，$f(x, y)$ が最大値をとる可能性があるのは

$$(x, y) = (l, l), \ (0, l), \ (l, 0), \ (2l/3, 2l/3)$$

の 4 点である.

D の境界において $f(x, y)$ の値は 0 である. $(x, y) = (l, l), (0, l), (l, 0)$ は D の境界の上にあるから, D の内部で $f(x, y)$ が最大値をとる可能性があるのは 1 点 $(x, y) = (2l/3, 2l/3)$ のみである. よって, $(x, y) = (2l/3, 2l/3)$ において $f(x, y)$ は最大値をとる. このとき $z = 2l - x - y = 2l/3$ となり $x = y = z$ である. ◆

演習問題 4.4

4.4.1 $z = z(x, y)$ を微分可能な関数とし, a, b, x_0, y_0 を定数とする. t を変数とする関数 $z(t) = z(at + x_0, bt + y_0)$ にマクローリンの定理 (定理 2.19) を適用した式

$$z(t) = z(0) + z'(0)t + \frac{1}{2!}z''(0)t^2 + \cdots + R_n$$

の最初の 3 項を $a, b, t, z(x_0, y_0), z_x(x_0, y_0), z_y(x_0, y_0)$ などを用いて表せ.

4.4.2 関数
$$z = f(x, y) = x^4 - 4xy + y^4$$
について, 次の各問に答えよ.
 (1) z_x, z_y を求めよ.
 (2) z_{xx}, z_{xy}, z_{yy} を求めよ.
 (3) ヘッセ行列式 $H(x, y) = z_{xx}z_{yy} - (z_{xy})^2$ を計算して $z = f(x, y)$ の極値を求めよ.

4.4.3 次の関数 $z = f(x, y)$ の極値を求めよ.
 (1) $f(x, y) = x^2 - xy + y^2 - 3y$ (2) $f(x, y) = -x^3 + 6xy - 8y^3$
 (3) $f(x, y) = xy(x^2 + y^2 - 1)$ (4) $f(x, y) = e^{-x^2-y^2}(2x^2 + y^2)$

4.5 陰関数

変数 x, y の間の関係 $f(x, y) = 0$ によって定められる関数について考え

る.

$f(x, y) = 0$ を，x を固定して y についての方程式と考える．その方程式が解を持つとき，解の1つを $\varphi(x)$ とすれば $\varphi(x)$ は x の関数である．このようにして得られる関数を $f(x, y) = 0$ が定める**陰関数**という．

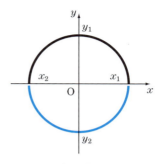

図 4.11　$x^2 + y^2 - 1 = 0$ から定まる陰関数

例 4.2 $f(x, y) = x^2 + y^2 - 1$ とする（図 4.11）.

$x^2 + y^2 - 1 = 0$ から $-1 < x < 1$, $y > 0$（または $-1 < x < 1$, $y < 0$）として得られる
$$y = y_1(x) = \sqrt{1 - x^2} \quad (\text{または } y = y_2(x) = -\sqrt{1 - x^2})$$
は $f(x, y) = x^2 + y^2 - 1 = 0$ が定める陰関数である．

$y = \varphi(x)$ が，$f(x, y) = 0$ が定める陰関数であるとは，恒等的に
$$f(x, \varphi(x)) = 0$$
が成り立つことである．◆

✓**注意** $f(x, y) = 0$ によって定まる x と y の関係を調べるとき，x を y の関数と考えること，すなわち $f(\psi(y), y) = 0$ をみたす関数 $x = \psi(y)$ を考えることが必要になることもある．例えば，$f(x, y) = x^2 + y^2 - 1 = 0$ のとき，
$$x = x_1 = \sqrt{1 - y^2} \quad (\text{または } x = x_2 = -\sqrt{1 - y^2}).$$
このような関数も $f(x, y) = 0$ が定める**陰関数**という．

本書では，独立変数が x である陰関数だけを扱うことにする．

陰関数の存在について次の定理が基本的である．

定理 4.6 $f(x, y)$, $f_x(x, y)$, $f_y(x, y)$ が連続であるとする．点 (a, b) において，$f(a, b) = 0$ かつ $f_y(a, b) \neq 0$ ならば，$x = a$ の近傍で定義された微分可能な関数 $y = g(x)$ で，
$$b = g(a) \quad \text{かつ} \quad f(x, g(x)) = 0$$
となるものが存在し

$$g'(a) = -\frac{f_x(a,b)}{f_y(a,b)}$$

が成り立つ.

証明 微分可能な関数 $y = g(x)$ で
$$f(x, g(x)) = 0, \quad g(a) = b$$
をみたすものが存在することを示すのは, 詳細な議論が必要なので証明を省略する.

$g(x)$ が, $f(x, g(x)) = 0$ および $g(a) = b$ をみたす微分可能な関数であるとする. $f(x, g(x)) = 0$ の両辺を x で微分すると

$$0 = \frac{d}{dx} f(x, g(x)) = f_x(x, g(x)) + f_y(x, g(x)) g'(x) \tag{4.21}$$

となる. ここで $x = a$ とすると $g(a) = b$ で, 仮定から $f_y(a, b) \neq 0$ だから

$$g'(a) = -\frac{f_x(a,b)}{f_y(a,b)}$$

となる. ∎

$f(a,b) = 0$ であっても, $f_x(a,b) = f_y(a,b) = 0$ となる点の近くでは, 定理 4.6 を用いることができない. $f(a,b) = f_x(a,b) = f_y(a,b) = 0$ となる点 (a,b) を, 曲線 $f(x,y) = 0$ の**特異点**という.

例 4.3 $f(x,y) = y^2 - x^2(x+1)$ とする.
$$f_x(x,y) = -3x^2 - 2x, \quad f_y(x,y) = 2y$$
で, 曲線 $f(x,y) = 0$ の特異点は $(x,y) = (0,0)$ のみである. ◆

4.5.1 陰関数の極値

例題 4.9 $f(x,y) = x^3 - 3xy + y^3 = 0$ が定める陰関数 $y = y(x)$

の極値を求めよ．

解答 $f(x,y)=0$ が定める陰関数 $y(x)$ を，単に y と書くことにする．

まず，$y'(x)=0$ となる点 x を求める．$f(x,y)=x^3-3xy+y^3=0$ を x について微分すると

$$3x^2-3y-3xy'+3y^2y'=0 \tag{4.22}$$

となる．ここで $y'=0$ とすると $y=x^2$ となる．これを $f(x,y)=0$ に代入すると $(x,y)=(0,0),(2^{1/3},4^{1/3})$ となる．

$(x,y)=(0,0)$ は，$f_x(x,y)=3x^2-3y$，$f_y(x,y)=-3x+3y^2$ がともに 0 になるから，$f(x,y)=0$ の特異点である．よって $(x,y)=(0,0)$ は除外する．

$f(x,y)=0$ が定める陰関数 $y=y(x)$ で，$y(2^{1/3})=4^{1/3}$ であるものは，$y'(2^{1/3})=0$ をみたす．この関数が，$x=2^{1/3}$ において極値をとるかどうかを判定するために y'' の符号を調べる．

この関数の，$x=2^{1/3}$ における第 2 次導関数は，(4.22) をもう一度微分して $x=2^{1/3}$，$y=4^{1/3}$，$y'=0$ とおくことにより得られる．(4.22) を微分すると

$$6x-3y'-3y'-3xy''+6y(y')^2+3y^2y''=0$$

となり，$y''(2^{1/3})=-2$ である．定理 2.24 から，$y=y(x)$ は，$x=2^{1/3}$ において極大値 $4^{1/3}$ をとる．◆

4.5.2 条件付き極値

最後に，2 変数関数の条件付き極値について述べる．

定理 4.7（**ラグランジュの未定乗数法**） 条件 $g(x,y)=0$ のもとで，関数 $f(x,y)$ が $(x,y)=(a,b)$ において極値をとるとする．

(a,b) が曲線 $g(x,y)=0$ の特異点でなければ，定数 λ で

$$f_x(a,b) + \lambda g_x(a,b) = 0$$
$$f_y(a,b) + \lambda g_y(a,b) = 0$$
となるものが存在する．

証明 $(x,y) = (a,b)$ が，曲線 $g(x,y) = 0$ の特異点でないとする．$g_y(a,b) \neq 0$ とし，$x = a$ の近くで定義された $y = h(x)$ を $g(x,y) = 0$ が定める陰関数とする．このとき

$$h'(a) = -\frac{g_x(a,b)}{g_y(a,b)} \tag{4.23}$$

である．点 $(x,y) = (a,b)$ の近くでは $f(x,y)$ は，x の関数 $f(x,h(x))$ となる．$f(x,h(x))$ が $x = a$ において極値をとるための条件は

$$\frac{df}{dx}(a, f(a)) = f_x(a,h(a)) + f_y(a,h(a))h'(a) = 0$$

となる．ここに (4.23) を代入すると

$$f_x(a,b) - f_y(a,b)\frac{g_x(a,b)}{g_y(a,b)} = 0$$

となる．ここで $\lambda = -\dfrac{f_y(a,b)}{g_y(a,b)}$ とおけば，求める式が得られる．

$g_x(a,b) \neq 0$ としても同様である． ■

例題 4.10 条件 $g(x,y) = x^2 + y^2 - 1 = 0$ のもとで，$f(x,y) = xy$ の最大値，最小値を求めよ．

解答 $g(x,y) = 0$ をみたす点の全体 $S = \{(x,y) \mid x^2 + y^2 = 1\}$ は原点を中心とする単位円である．

$g(a,b) = a^2 + b^2 - 1 = 0$ をみたす点 (a,b) において $f(x,y)$ が最大値または最小値をとるとする．曲線 $g(x,y) = x^2 + y^2 - 1 = 0$ は特異点を持たないから，定理 4.7 によって

$$f_x(a,b) + \lambda g_x(a,b) = b + 2\lambda a = 0$$
$$f_y(a,b) + \lambda g_y(a,b) = a + 2\lambda b = 0$$

が成り立ち $b = -2\lambda a$, $a = -2\lambda b$ となる．2式の両辺をそれぞれ2乗して和をとると $a^2 + b^2 = 4\lambda^2(a^2 + b^2) = 1$ となり $\lambda = \pm\dfrac{1}{2}$ である．

$\lambda = \dfrac{1}{2}$ のとき $a + b = 0$ で，これをみたす S の点は $(a,b) = \left(\dfrac{1}{\sqrt{2}}, -\dfrac{1}{\sqrt{2}}\right)$, $\left(-\dfrac{1}{\sqrt{2}}, \dfrac{1}{\sqrt{2}}\right)$ である．いずれの場合も $f(a,b) = -\dfrac{1}{2}$ である．

$\lambda = -\dfrac{1}{2}$ のとき $a - b = 0$ で，これをみたす S の点は $(a,b) = \left(\dfrac{1}{\sqrt{2}}, \dfrac{1}{\sqrt{2}}\right)$, $\left(-\dfrac{1}{\sqrt{2}}, -\dfrac{1}{\sqrt{2}}\right)$ である．いずれの場合も $f(a,b) = \dfrac{1}{2}$ である．

$f(x,y)$ は xy 平面全体で定義された連続関数で S は有界閉集合だから，定理 4.1 により条件 $g(x,y) = x^2 + y^2 - 1 = 0$ のもとで，$f(x,y) = xy$ は最大値および最小値をとることがわかる．以上のことから，条件 $g(x,y) = 0$ のもとでの $f(x,y)$ の最大値は $\dfrac{1}{2}$ で最小値は $-\dfrac{1}{2}$ である．◆

演習問題 4.5

4.5.1 (1) 次の関数 $f(x,y)$ に対して，曲線 $f(x,y) = 0$ の特異点を求めよ．
　　　　(i) $f(x,y) = x^2 - xy + y^2 - 1$
　　　　(ii) $f(x,y) = x^3 - 6xy + 8y^3$
　　(2) (1) で考察した関数の特異点を除いた部分での陰関数 $y = g(x)$ の導関数を求めよ．
　　(3) (2) で考察した陰関数 $y = g(x)$ の第 2 次導関数を求めよ．

4.5.2 $f(x,y) = x^2 - 2xy + 2y^2 - 1 = 0$ が表す曲線 C の，点 $(1,1)$ における接線の方程式を求めよ．

4.5.3 $f(x,y) = x^2 - 4xy + y^2 + 3$ とする．
　　(1) 曲線 $f(x,y) = 0$ の特異点を求めよ．
　　(2) $f(x,y) = 0$ が定める陰関数 $y = g(x)$ に対して $y' = 0$ となる点を求めよ．
　　(3) 陰関数 $y = g(x)$ が (2) で得られた点で極値をとるか否かを判定せ

よ.

4.5.4 条件 $g(x,y) = x^2 + y^2 - 1 = 0$ のもとで,$f(x,y) = x + 2y$ の最大値,最小値を,ラグランジュの未定乗数法を用いて求めよ.

勾配ベクトル場　　　　　　　column

(x,y) の関数 $f(x,y)$ が山の高さを表している場合を考えよう.山に降った雨滴はどのような軌跡を描いて流れるだろうか.

xy 平面を山の地図と考える.C を実数とするとき $f(x,y) - C = 0$ をみたす点の全体は地図の上の等高線であるが,雨滴は等高線に常に直交する方向に流れる.定理 4.6 から等高線の接線は $(-f_y, f_x)$ に平行であることがわかるから,雨滴が流れる方向はベクトル $(-f_x, -f_y)$ に平行である.

ベクトル (f_x, f_y) は (x,y) とともに変化する.一般に,点 (x,y) にベクトル $(P(x,y), Q(x,y))$ を対応させる写像を**ベクトル場**という.(x,y) に $(f_x(x,y), f_y(x,y))$ を対応させるベクトル場を,関数 $f(x,y)$ の**勾配ベクトル場**という.雨滴の軌跡を $(x(t), y(t))$ とするとき

$$\frac{dx}{dt} = -f_x(x(t), y(t)), \quad \frac{dy}{dt} = -f_y(x(t), y(t)) \quad (4.24)$$

が成り立つ.勾配ベクトル場に対して,(4.24) をみたす曲線を**積分曲線**という.

$(x(t), y(t))$ が勾配ベクトル場 $(-f_x, -f_y)$ の積分曲線であるとき (4.6) を用いることによって

$$\int_\alpha^\beta \frac{d}{dt} f(x(t), y(t)) dt = f(x(\beta), y(\beta)) - f(x(\alpha), y(\alpha))$$

$$= \int_\alpha^\beta \left(f_x \frac{dx}{dt} + f_y \frac{dy}{dt} \right) dt$$

$$= -\int_\alpha^\beta \left(\left|\frac{dx}{dt}\right|^2 + \left|\frac{dy}{dt}\right|^2 \right) dt$$

ベクトル場や積分曲線は力学や電磁気学などで重要な役割を果たす.

Chapter 5 重積分

5.1 長方形領域における2重積分

3.3 節で学んだ 1 変数関数の定積分を，2 変数関数に拡張することを考えよう．

R を xy 平面の長方形領域

$$R = \{(x, y) \in \mathbf{R}^2 \mid a \leq x \leq b,\ c \leq y \leq d\} \tag{5.1}$$

とする．m, n を正の整数として，x_i, y_j を

$$x_i = a + \frac{i}{m}(b - a) \qquad (i = 0, 1, \cdots, m) \tag{5.2}$$

$$y_j = c + \frac{j}{n}(d - c) \qquad (j = 0, 1, \cdots, n) \tag{5.3}$$

とする．R を mn 個の領域

$$R_{ij} = \{(x, y) \in \mathbf{R}^2 \mid x_{i-1} \leq x \leq x_i,\ y_{j-1} \leq y \leq y_j\}$$
$$(i = 1, 2, \cdots, m\, ;\, j = 1, 2, \cdots, n)$$

に分割する．

R_{ij} の面積 ΔA は

$$\Delta A = \frac{1}{mn}(b - a)(d - c)$$

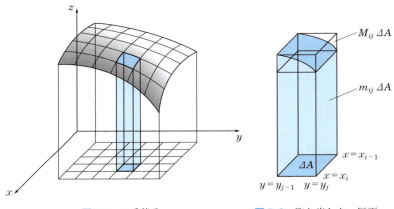

図 5.1 2 重積分　　図 5.2 取り出した一区画

である.

$z = f(x, y)$ を R で定義された連続関数とし, R_{ij} における $f(x, y)$ の最大値を M_{ij}, 最小値を m_{ij} とおく*.

$$S_{m,n} = \sum_{i=1}^{m} \sum_{j=1}^{n} M_{ij} \varDelta A \tag{5.4}$$

$$s_{m,n} = \sum_{i=1}^{m} \sum_{j=1}^{n} m_{ij} \varDelta A \tag{5.5}$$

とおくと, 明らかに $s_{m,n} \leq S_{m,n}$ である.

$m, n \to \infty$ として, R の分割を限りなく細かくするとき, $S_{m,n}$ と $s_{m,n}$ は同じ極限値に収束することが知られている. この値を, 関数 $f(x, y)$ の R における **2 重積分**といい,

$$\iint_R f(x, y) \, dxdy$$

で表す. R を**積分領域**, $f(x, y)$ を**被積分関数**という.

---

* 有界な閉領域で連続な 2 変数関数は最大値と最小値を持つ (定理 4.1).

> **定理 5.1** $f(x,y)$ を長方形領域 R で定義された連続関数で $f(x,y) \geq 0$ をみたすものとする.
> $$a \leq x \leq b, \quad c \leq y \leq d, \quad 0 \leq z \leq f(x,y)$$
> で表される立体の体積を V とすると
> $$V = \iint_R f(x,y)\,dxdy$$
> である.

証明 S を xy 平面の閉領域とするとき, $(x,y) \in S$ をみたす空間の点全体の集合を S 上の柱という. 柱は z 軸の方向に無限に伸びた図形である.

R_{ij} 上の柱の, 平面 $z=0$ および曲面 $z=f(x,y)$ で囲まれる部分の体積を V_{ij} とすると, 明らかに

$$m_{ij}\Delta A \leq V_{ij} \leq M_{ij}\Delta A$$

である. 上の不等式の各辺を i $(1 \leq i \leq m)$ および j $(1 \leq j \leq n)$ について和をとると

$$s_{m,n} \leq \sum_{i=1}^{m}\sum_{j=1}^{n} V_{ij} \leq S_{m,n}$$

となり $m, n \to \infty$ とすると

$$\iint_R f(x,y)\,dxdy \leq V \leq \iint_R f(x,y)\,dxdy$$

となる. ■

定積分を用いて立体の体積を求める方法として次が知られている.

空間内の立体 Q と直線 ℓ が与えられたとする. ここでは便宜上 ℓ を x 軸とする. x を固定するとき, ℓ 上の点 $\mathrm{P}(x,0,0)$ を通り, ℓ に直交する平面と Q の共通部分の面積を $S(x)$ とすると Q の体積 V は

$$V = \int_{-\infty}^{\infty} S(x)\,dx \tag{5.6}$$

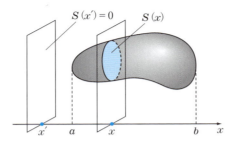

図 5.3 カヴァリエリの原理．図では $\int_{-\infty}^{\infty} S(x)\,dx = \int_a^b S(x)\,dx$

で* 与えられる（**カヴァリエリの原理**．図 5.3）．

> **定理 5.2**（**累次積分**） $f(x, y)$ を長方形領域
> $$R = \{(x, y) \in \boldsymbol{R}^2 \mid a \leq x \leq b,\ c \leq y \leq d\}$$
> で定義された連続関数とするとき
> $$\iint_R f(x, y)\,dxdy = \int_a^b \left(\int_c^d f(x, y)\,dy \right) dx$$
> $$= \int_c^d \left(\int_a^b f(x, y)\,dx \right) dy$$
> が成り立つ．上の右辺の形の積分を**累次積分**という．

証明 $f(x, y)$ の値が常に正である場合についてのみ示す．

定理 5.1 により
$$Q : a \leq x \leq b, \quad c \leq y \leq d, \quad 0 \leq z \leq f(x, y)$$
の体積を V とすると
$$V = \iint_R f(x, y)\,dxdy$$
である．一方，点 $(x, 0, 0)$ を通り x 軸に垂直な平面と Q の共通部分の面積

---

* $\int_{-\infty}^{\infty} S(x)\,dx$ の計算で $S(x) = 0$ となる区間を考える必要はないから図 5.3 のような立体の体積では $\int_a^b S(x)\,dx$ と書いても同じことである．

を $S(x)$ とすると $S(x) = \int_c^d f(x, y)\,dy$ で，カヴァリエリの原理 (5.6) により

$$V = \int_a^b S(x)\,dx = \int_a^b \left(\int_c^d f(x, y)\,dy \right) dx$$

となるから

$$\iint_R f(x, y)\,dxdy = \int_a^b \left(\int_c^d f(x, y)\,dy \right) dx$$

である．

$$\iint_R f(x, y)\,dxdy = \int_c^d \left(\int_a^b f(x, y)\,dx \right) dy$$

も同様に示せる．■

✓**注意** 本書では用いないが，$\int_c^d \left(\int_a^b f(x, y)\,dx \right) dy$ を簡略化して

$$\int_c^d \int_a^b f(x, y)\,dxdy, \quad \int_c^d dy \int_a^b f(x, y)\,dx$$

などと書くことがある．

例題 5.1 $R = \{(x, y) \in \boldsymbol{R}^2 \mid 0 \leq x \leq 1,\ 1 \leq y \leq 2\}$ とする．2 重積分 $I = \iint_R (x + xy)\,dxdy$ を累次積分に直して求めよ．

解答 y について先に積分する累次積分に書き換えると

$$I = \int_0^1 \left\{ \int_1^2 (x + xy)\,dy \right\} dx = \int_0^1 \left[xy + \frac{1}{2} xy^2 \right]_1^2 dx$$
$$= \int_0^1 \frac{5}{2} x\,dx = \left[\frac{5}{4} x^2 \right]_0^1 = \frac{5}{4}$$

となる．はじめに，y についての定積分を計算した結果は x の関数になっていることに注意しよう．また，x についての定積分を先にする累次積分に書き換えると

$$I = \int_1^2 \left\{ \int_0^1 (x+xy)\,dx \right\} dy = \int_1^2 \left[\frac{1}{2}x^2 + \frac{1}{2}yx^2 \right]_0^1 dy$$
$$= \int_1^2 \left(\frac{1}{2} + \frac{1}{2}y \right) dy = \left[\frac{1}{2}y + \frac{1}{4}y^2 \right]_1^2 = \frac{5}{4}$$

となる．定理 5.2 からもわかることであるが，どちらの累次積分で計算しても値は等しい． ◆

演習問題 5.1

5.1.1 以下の 2 重積分を累次積分に直して求めよ．

(1) $\iint_R (x^2+y^2)\,dxdy,\quad R=\{(x,y)\,|\,-1\le x\le 1,\ 0\le y\le 2\}$

(2) $\iint_R \dfrac{x}{y}\,dxdy,\quad R=\{(x,y)\,|\,1\le x\le 2,\ 1\le y\le e\}$

(3) $\iint_R e^x \sin(\pi y)\,dxdy,\quad R=\{(x,y)\,|\,0\le x\le 1,\ 0\le y\le 1\}$

(4) $\iint_R r^2 \cos^2\theta\,drd\theta,\quad R=\left\{(r,\theta)\,|\,0\le r\le 1,\ 0\le \theta\le \dfrac{\pi}{2}\right\}$

5.1.2 xy 平面の図形 D の面積を S とする[*]．定点 $\mathrm{P}(a,b,h)$ と D の点を結ぶ線分上にある点全体のなす集合を，D を底面とし P を頂点とする**錐**という（図 5.4）．カヴァリエリの原理を用いて錐の体積 V が

$$V = \frac{1}{3}Sh$$

であることを示せ．

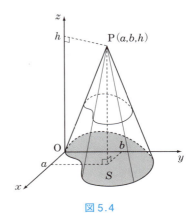

図 5.4

---

[*] 面積が定まらない図形も存在するが，ここで考える図形は円や多角形などのこととする．一般的には，5.5 節で定義される単純閉曲線が囲む領域を考えればよい．

5.2 一般の閉領域における 2 重積分

2 重積分の定義を，一般の有界閉領域[*] D における 2 重積分に拡張する．

D を xy 平面上の有界閉領域とし，$f(x, y)$ を閉領域 D 上で定義された連続な 2 変数関数とする．

定数 a, b, c, d を適当にとって長方形領域
$$R = \{(x, y) \in \mathbf{R}^2 \mid a \leq x \leq b, \ c \leq y \leq d\}$$
が，D をその内部に含むものとする．R 上の関数 $\tilde{f}(x, y)$ を

$$\tilde{f}(x, y) = \begin{cases} f(x, y) & (x, y) \in D \\ 0 & (x, y) \notin D \end{cases} \tag{5.7}$$

で定める．

D における $f(x, y)$ の 2 重積分を

$$\iint_D f(x, y)\, dxdy = \iint_R \tilde{f}(x, y)\, dxdy \tag{5.8}$$

により定義する．

次のことが知られている．

> **定理 5.3** D を xy 平面の閉領域とする．$f(x, y)$ が D 上の連続関数ならば 2 重積分
> $$\iint_D f(x, y)\, dxdy$$
> が存在する．

連続関数の 2 重積分について，1 変数の積分と同様に次が成り立つ．

---

[*] 本書では，有界閉領域の境界は，いくつかの，何回でも微分できる関数のグラフ
$$y = f(x) \quad \text{または} \quad x = g(y)$$
の和集合であるとする．

定理 5.4 D を定理 5.3 の条件をみたす有界閉領域とし, $f(x,y)$, $g(x,y)$ を D 上の連続関数とする.

(1) α, β を定数とするとき,
$$\iint_D \{\alpha f(x,y) + \beta g(x,y)\} dxdy$$
$$= \alpha \iint_D f(x,y) dxdy + \beta \iint_D g(x,y) dxdy \tag{5.9}$$
が成り立つ.

(2) D を 2 つの閉領域 D_1, D_2 に分割*するとき,
$$\iint_D f(x,y) dxdy = \iint_{D_1} f(x,y) dxdy + \iint_{D_2} f(x,y) dxdy \tag{5.10}$$
が成り立つ.

(3) D 上のすべての (x,y) について $f(x,y) \geq g(x,y)$ が成り立つとき,
$$\iint_D f(x,y) dxdy \geq \iint_D g(x,y) dxdy \tag{5.11}$$
が成り立つ. とくに, $f(x,y) \geq 0$ のとき $\iint_D f(x,y) dxdy \geq 0$ である.

(4) $\left| \iint_D f(x,y) dxdy \right| \leq \iint_D |f(x,y)| dxdy$ が成り立つ.

一般の閉領域 D 上の, $f(x,y)$ の 2 重積分も, 長方形領域の場合と同様に累次積分に直して計算することができる.

---

* $D = D_1 \cup D_2$, $D_1 \cap D_2$ は D_1 および D_2 の境界の一部.

定理 5.5 $y = \phi_1(x)$, $y = \phi_2(x)$ を有界閉区間 $[a, b]$ で定義された連続関数で $\phi_1(x) \leq \phi_2(x)$ をみたすものとする.
$$D = \{(x, y) \mid a \leq x \leq b,\ \phi_1(x) \leq y \leq \phi_2(x)\}$$
で定義された連続関数 $f(x, y)$ の 2 重積分は
$$\iint_D f(x, y)\,dxdy = \int_a^b \left(\int_{\phi_1(x)}^{\phi_2(x)} f(x, y)\,dy \right) dx \quad (5.12)$$
で求められる.

例題 5.2 $D = \{(x, y) \mid 0 \leq x \leq 1,\ 0 \leq y \leq 2x\}$ 上の 2 重積分
$$I = \iint_D (x + y)\,dxdy$$
の値を求めよ.

解答 $a = 0$, $b = 1$, $\phi_1(x) = 0$, $\phi_2(x) = 2x$ として定理 5.5 を用いると
$$I = \int_0^1 \left\{ \int_0^{2x} (x + y)\,dy \right\} dx = \int_0^1 \left[xy + \frac{1}{2} y^2 \right]_0^{2x} dx$$
$$= \int_0^1 4x^2\,dx = \left[\frac{4}{3} x^3 \right]_0^1 = \frac{4}{3}$$
となる. ◆

例題 5.2 の閉領域 D を図示すると, 図 5.5 のようであり, D は
$$D = \left\{ (x, y) \,\middle|\, 0 \leq y \leq 2,\ \frac{y}{2} \leq x \leq 1 \right\}$$
とも表される. このことから, 定理 5.5 を x と y の役割を交換して用いると例題 5.2 の 2 重積分 I を, 次のような累次積分に直して求めることができる (**積分順序の変更**).

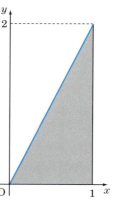

図 5.5 例題 5.2 の積分領域

$$I = \int_0^2 \left\{ \int_{\frac{1}{2}y}^1 (x+y)\,dx \right\} dy = \int_0^2 \left[\frac{1}{2}x^2 + yx \right]_{\frac{1}{2}y}^1 dy$$
$$= \int_0^2 \left(\frac{1}{2} + y - \frac{5}{8}y^2 \right) dy = \left[\frac{1}{2}y + \frac{1}{2}y^2 - \frac{5}{24}y^3 \right]_0^2 = \frac{4}{3}$$

となる．

2重積分を累次積分に直す方法は二通りあるが，どちらの方法で計算しても値は同じである．以下の例が示すように，一方の方法でのみ2重積分の値を求められるものもある．

例題 5.3 累次積分
$$I = \int_0^1 \left(\int_x^1 \log(1+y^2)\,dy \right) dx$$
を，xy平面の閉領域Dの上の2重積分として表せ．Dを図示し，Iを，最初にxについて積分し，次にyについて積分する累次積分で表せ．

解答 Iは，まずyについてxから1まで定積分し，次にxについて0から1まで定積分するのだから，Iを2重積分で書くと
$$I = \iint_D \log(1+y^2)\,dxdy, \quad D = \{(x,y)\,|\,0 \leq x \leq 1,\ x \leq y \leq 1\}$$
である（図5.6）．

Dとx軸に平行な直線$y=t$が交わるのは$0 \leq t \leq 1$のときであり，共通部分は$0 \leq x \leq t$である．したがって，Dを

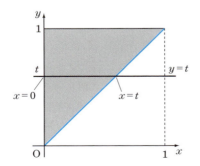

図 5.6 例題 5.3 の積分領域

と表すこともできて

$$D = \{(x,y) \mid 0 \leq y \leq 1,\ 0 \leq x \leq y\}$$

$$I = \int_0^1 \left(\int_x^1 \log(1+y^2)\,dy\right)dx = \int_0^1 \left(\int_0^y \log(1+y^2)\,dx\right)dy$$

である.最初の累次積分を行うことは難しいが,2 番目の累次積分では,x に関する定積分が $\int_0^y \log(1+y^2)\,dx = y\log(1+y^2)$ となって

$$I = \int_0^1 \left(\int_0^y \log(1+y^2)\,dx\right)dy = \int_0^1 y\log(1+y^2)\,dy$$

となる.$y^2+1 = u$ とおいて置換積分すると

$$I = \frac{1}{2}\int_1^2 \log u\,du = \frac{1}{2}\Big[u\log u - u\Big]_1^2$$
$$= \log 2 - \frac{1}{2}$$

となる.◆

演習問題 5.2

5.2.1 以下の 2 重積分を求めよ.

(1) $\iint_D (x+y)\,dxdy,\quad D = \{(x,y)\mid 0\leq x,\ 0\leq y,\ x+y\leq 1\}$

(2) $\iint_D x^2\,dxdy,\quad D = \{(x,y)\mid 0\leq y\leq 1-x^2\}$

(3) $\iint_D 1\,dxdy,\quad D = \{(x,y)\mid x\geq 0,\ y\geq 0,\ x^2+y^2\leq 1\}$

5.2.2 累次積分

$$\int_0^1 \left(\int_x^1 f(x,y)\,dy\right)dx$$

について,

(1) 積分領域 D を図示せよ.

(2) 積分順序を変更せよ．

5.2.3 積分順序の変更により次の累次積分を求めよ．
$$\int_0^1 \left(\int_{\sqrt{y}}^1 e^{x^3} dx \right) dy$$

5.3 変数変換

1変数関数の積分法で置換積分法は重要な役割を果たした．本節では，これに相当する2重積分の変数変換について学ぶ．

5.3.1 変数変換

$\phi(u,v)$, $\psi(u,v)$ を，uv平面の領域Eで定義された関数として
$$x = \phi(u,v), \quad y = \psi(u,v) \tag{5.13}$$
とする．点 $(x,y) = (\phi(u,v), \psi(u,v))$ は，(u,v) が E の上を動くとき xy 平面の上を動く．一般に (u,v) の関数が2つ与えられると (5.13) により (u,v) 平面 $\boldsymbol{R}^2$（の一部）から (x,y) 平面 $\boldsymbol{R}^2$（の一部）への写像が定められる．

2変数 (x,y) の関数 $f(x,y)$ の2重積分を，(5.13) によって得られる (u,v) の関数 $f(x(u,v), y(u,v))$ の2重積分として表すためには，(5.13) によって，uv 平面内の微小な領域の面積がどのように変化するかを知る必要がある．

以下，とくに重要な2種の変数変換について，微小領域の面積がどのように変化するかを見ておこう．

例題 5.4 $x = u+v$, $y = u-v$ により定まる変数変換
$$\Phi : \boldsymbol{R}^2 \longrightarrow \boldsymbol{R}^2 ; (u,v) \longmapsto (u+v, u-v)$$
による閉領域 $E = \{(u,v) | 0 \leq u \leq 1, 0 \leq v \leq 1\}$ の像 $\Phi(E)$ を図示し，E の面積と $\Phi(E)$ の面積の比を求めよ．

解答 $x = \phi(u,v) = u+v$, $y = \psi(u,v) = u-v$ とおくと，$u = \dfrac{x+y}{2}$, $v = \dfrac{x-y}{2}$ で，(u,v) が E の上を動くとき $(x,y) = (\phi(u,v),$

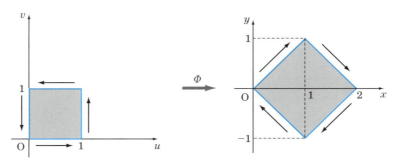

図 5.7

$\psi(u,v))$ は xy 平面の閉領域
$$\Phi(E) = \{(x,y) \mid 0 \leq x+y \leq 2,\ 0 \leq x-y \leq 2\}$$
を動く（図 5.7）．$\Phi(E)$ の面積は 2 で $\dfrac{\Phi(E) \text{ の面積}}{E \text{ の面積}} = 2$ である． ◆

一般に a, b, c, d を定数として，
$$\Phi : \boldsymbol{R}^2 \longrightarrow \boldsymbol{R}^2 \, ; \, (u,v) \longmapsto (au+bv, cu+dv)$$
とし，R を uv 平面の長方形領域とするとき
$$\frac{\Phi(R) \text{ の面積}}{R \text{ の面積}} = |ad-bc|$$
が成り立つ．

例題 5.5（**極座標変換**）　$x = u\cos v,\ y = u\sin v$ により定まる変数変換を
$$\Phi : \boldsymbol{R}^2 \longrightarrow \boldsymbol{R}^2 \, ; \, (u,v) \longmapsto (u\cos v, u\sin v)$$
とする．$R, R_1, \alpha, \beta\ (0 < R < R_1,\ 0 \leq \alpha < \beta < 2\pi)$ を定数とし
$$E = \{(u,v) \mid R \leq u \leq R_1,\ \alpha \leq v \leq \beta\}$$
とする．E および $\Phi(E)$ を図示し，E の面積と $\Phi(E)$ の面積の比を求めよ．

解答　$\Phi(E)$ は原点を中心とする半径 R の円と半径 R_1 の円が囲む部分に含まれる．この部分の面積は $\pi((R_1)^2 - (R)^2)$ である．さらに，$\Phi(E)$ は

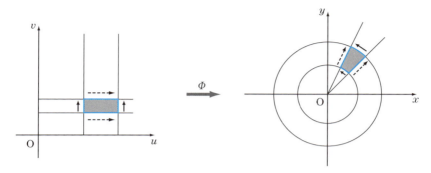

図 5.8

2本の半直線 $\theta = \alpha$ と $\theta = \beta$ で囲まれた部分だから $\Phi(E)$ の面積は

$$\pi((R_1)^2 - (R)^2) \times \frac{\beta - \alpha}{2\pi} = \frac{1}{2}((R_1)^2 - (R)^2) \times (\beta - \alpha)$$

である．一方，E の面積は $(R_1 - R) \times (\beta - \alpha)$ だから

$$\frac{\Phi(E) \text{の面積}}{E \text{の面積}} = \frac{1}{2}(R_1 + R)$$

である（図 5.8）．◆

$\phi(u, v)$, $\psi(u, v)$ を uv 平面（の一部）で定義された関数とするとき，行列式

$$J = \det \begin{bmatrix} \phi_u & \phi_v \\ \psi_u & \psi_v \end{bmatrix} = \phi_u \psi_v - \phi_v \psi_u \tag{5.14}$$

を，変数変換

$$\Phi : \mathbf{R}^2 \longrightarrow \mathbf{R}^2 ; (u, v) \longmapsto (\phi(u, v), \psi(u, v))$$

の**ヤコビ行列式** (Jacobian) という．ヤコビ行列式を

$$J = \frac{\partial(x, y)}{\partial(u, v)}$$

と書くこともある．

例 5.1 $x = \phi(u, v) = u + v$, $y = \psi(u, v) = u - v$ のとき

$$J = \frac{\partial(x,y)}{\partial(u,v)} = \det\begin{bmatrix} \phi_u & \phi_v \\ \phi_u & \phi_v \end{bmatrix} = \det\begin{bmatrix} 1 & 1 \\ 1 & -1 \end{bmatrix} = -2$$

である. ◆

例 5.2 $x = \phi(u,v) = u\cos v,\ y = \phi(u,v) = u\sin v$ のとき

$$J = \frac{\partial(x,y)}{\partial(u,v)} = \det\begin{bmatrix} \phi_u & \phi_v \\ \phi_u & \phi_v \end{bmatrix} = \det\begin{bmatrix} \cos v & -u\sin v \\ \sin v & u\cos v \end{bmatrix} = u$$

である. ◆

5.3.2 2重積分の変数変換

例 5.1 では例題 5.4 で定めた変数変換 Φ のヤコビ行列式を求めたが,その絶対値は,E の面積と Φ による E の像 $\Phi(E)$ の面積の比と一致している. また,例 5.2 では例題 5.5 で定めた変数変換 Φ のヤコビ行列式を求めたが,その値は,E と Φ による E の像 $\Phi(E)$ の比の,$R_1 \longrightarrow R$ としたときの極限値と一致している.

$\varDelta u,\ \varDelta v$ を十分に小さい実数とし微小な長方形領域

$$R = \{(u,v) \mid U \le u \le U + \varDelta u,\ V \le v \le V + \varDelta v\}$$

を考える. R の面積を A とし,Φ による R の像 $\Phi(R)$ の面積を A' とすると,$\varDelta u,\ \varDelta v$ が十分に小さければ

$$\frac{A'}{A} = J$$

となる. このことから次がわかる.

定理 5.6(**2 重積分の変数変換**) $\phi(u,v),\ \phi(u,v)$ を uv 平面の閉領域 E で定義された関数とし変数変換

$$\Phi : x = \phi(u,v),\ y = \phi(u,v)$$

による像 $\Phi(E)$ を D とするとき,$\Phi : E \longrightarrow D$ は 1:1 写像で,E のすべての点で $J \ne 0$ であるとする. このとき

$$\iint_D f(x,y)\,dxdy = \iint_E f(\phi(u,v), \psi(u,v))|J|\,dudv \tag{5.15}$$

が成り立つ.

例題 5.6 $D = \{(x,y) \mid x \geq 0,\ y \geq 0,\ x^2 + y^2 \leq 1\}$ とする.

(1) 極座標変換
$$\Phi : x = r\cos\theta,\ y = r\sin\theta \quad (r \geq 0,\ 0 \leq \theta \leq 2\pi)$$
により, $\Phi(E) = D$ となる $r\theta$ 平面の領域 E を図示し, 2重積分
$$\iint_D f(x,y)\,dxdy, \quad D = \{(x,y) \mid x \geq 0,\ y \geq 0,\ x^2 + y^2 \leq 1\}$$
を E 上の 2 重積分に直せ (図 5.9).

(2) 2重積分 $I = \iint_D x\,dxdy$ の値を求めよ.

(3) 2重積分 $I = \iint_D \dfrac{1}{\sqrt{4 - x^2 - y^2}}\,dxdy$ の値を求めよ.

解答 (1) まず積分領域を求めよう. D を表す x, y の不等式に変数変換の式を代入し, r, θ がみたす不等式を導けば, その不等式により表される閉領域が求める領域 E になる. $x = r\cos\theta \geq 0$ と $r \geq 0$ より $\cos\theta \geq 0$ を, また, $y = r\sin\theta \geq 0$ と $r \geq 0$ より $\sin\theta \geq 0$ を得る. したがっ

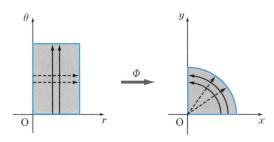

図 5.9

て $0 \leq \theta \leq \dfrac{\pi}{2}$ である．また，$x^2 + y^2 = r^2 \leq 1$ と $r \geq 0$ より $0 \leq r \leq 1$ である．すなわち

$$E = \left\{ (r, \theta) \,\middle|\, 0 \leq r \leq 1,\ 0 \leq \theta \leq \dfrac{\pi}{2} \right\}$$

を極座標変換によって写したものが D である．極座標変換のヤコビ行列式は r であったから，

$$\iint_D f(x, y)\, dxdy = \iint_E f(r\cos\theta, r\sin\theta)\, r\, drd\theta \tag{5.16}$$

となる．

(2) (1) から

$$I = \iint_E r^2 \cos\theta\, drd\theta$$

となり，これを累次積分に書き換えて計算すると

$$I = \int_0^{\frac{\pi}{2}} \left(\int_0^1 r^2 \cos\theta\, dr \right) d\theta = \int_0^{\frac{\pi}{2}} \frac{1}{3} \cos\theta\, d\theta = \frac{1}{3}$$

となる．

(3) (1) から

$$I = \int_0^{\frac{\pi}{2}} \left(\int_0^1 \frac{r}{\sqrt{4-r^2}}\, dr \right) d\theta = \int_0^1 \frac{r}{\sqrt{4-r^2}}\, dr \int_0^{\frac{\pi}{2}} d\theta$$

$$= \frac{\pi}{2} \left[-\sqrt{4-r^2} \right]_0^1 = \frac{2-\sqrt{3}}{2}\pi$$

となる． ◆

定理 5.7 (ガウス積分)

$$\int_0^\infty e^{-x^2}\, dx = \frac{\sqrt{\pi}}{2}$$

証明 L を変数とする関数 $I(L)$ を，$I(L) = \displaystyle\int_0^L e^{-x^2}\, dx$ で定める．$I(L)$ は

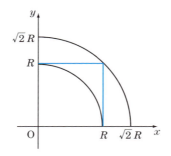

図 5.10 ガウス積分

単調増加関数である．

R を正の数とし，
$$D_R = \{(x,y) \mid 0 \leq x \leq R,\ 0 \leq y \leq R\},$$
$$B_R = \{(x,y) \mid x \geq 0,\ y \geq 0,\ 0 \leq x^2 + y^2 \leq R^2\}$$
とする（図 5.10）．
$$\iint_{D_R} e^{-x^2-y^2}\,dxdy = \int_0^R e^{-x^2}\,dx \int_0^R e^{-y^2}\,dy = \{I(R)\}^2$$
となることに注意しよう．$e^{-x^2-y^2} > 0$ で $B_R \subset D_R \subset B_{\sqrt{2}R}$ だから
$$\iint_{B_R} e^{-x^2-y^2}\,dxdy \leq \{I(R)\}^2 \leq \iint_{B_{\sqrt{2}R}} e^{-x^2-y^2}\,dxdy \tag{5.17}$$
が成り立つ．

$\iint_{B_R} e^{-x^2-y^2}\,dxdy$ を極座標 (r, θ) に変換して求めると

$$\iint_{B_R} e^{-x^2-y^2}\,dxdy = \int_0^{\pi/2}\left(\int_0^R e^{-r^2} r\,dr\right)d\theta = \frac{\pi}{2}\int_0^R e^{-r^2} r\,dr$$
$$= \frac{\pi}{2}\left[-\frac{1}{2}e^{-r^2}\right]_0^R = \frac{\pi}{4}(1 - e^{-R^2})$$

となり $\lim_{R\to\infty}\iint_{B_R}e^{-x^2-y^2}dxdy=\dfrac{\pi}{4}$ となる．同様に $\lim_{R\to\infty}\iint_{B_{\sqrt{2}R}}e^{-x^2-y^2}dxdy=\dfrac{\pi}{4}$ となるから (5.17) の各辺の $R\to\infty$ のときの極限値をとると

$$\frac{\pi}{4} \leq \lim_{R\to\infty}\{I(R)\}^2 \leq \frac{\pi}{4}$$

となり

$$\int_0^\infty e^{-x^2}dx = \lim_{R\to\infty}I(R) = \frac{\sqrt{\pi}}{2}$$

となる．■

演習問題 5.3

5.3.1 以下の 2 重積分を極座標変換を用いて求めよ．

(1) $\iint_D \sqrt{4-x^2-y^2}\,dxdy, \quad D=\{(x,y)\,|\,x^2+y^2\leq 1\}$

(2) $\iint_D \dfrac{1}{(x^2+y^2)^3}\,dxdy, \quad D=\{(x,y)\,|\,1\leq x^2+y^2\leq 4\}$

(3) $\iint_D e^{-x^2-y^2}\,dxdy, \quad D=\{(x,y)\,|\,x^2+y^2\leq 9,\ y\geq 0\}$

(4) $\iint_D y\,dxdy, \quad D=\{(x,y)\,|\,x^2+y^2\leq y\}$

5.3.2 指定された変数変換を用いて，以下の 2 重積分の値を求めよ．

(1) 変数変換 $x=r\cos\theta,\ y=3r\sin\theta$ を用いて

$$I=\iint_D \sqrt{16-9x^2-y^2}\,dxdy, \quad D=\{(x,y)\,|\,9x^2+y^2\leq 9\}$$

(2) 変数変換 $x=\dfrac{u+v}{2},\ y=\dfrac{u-v}{2}$ を用いて

$$I=\iint_D (x+y)e^{x-y}\,dxdy, \quad D=\{(x,y)\,|\,0\leq x+y\leq 1,\ 0\leq x-y\leq 1\}$$

中心投影

　世界地図でメルカトル図法やモルワイデ図法などと書かれているのを見たことがあるだろうか．球面上にある世界を平面上に写しとるときに，距離，面積，角度のすべてを正しく表現することはできない．そこで目的に応じて，様々な方法が考えられている．ここでは，面積を正しく表現する地図の作り方の 1 つを説明しよう．

　座標空間の原点 $O(0,0,0)$ を中心とする半径 1 の球 S を地球と考える．(u,v) 平面の領域 D を
$$D = \{(u,v) \mid 0 \leq u \leq 2\pi,\ -1 \leq v \leq 1\}$$
とする．地図となる平面 D の点 (u,v) に，xy 平面の半径 1 の円の上の円柱の点 $(\cos u, \sin u, v)$ を対応させる写像が面積を変えないことは，円柱の展開図を考えれば明らかであろう．$(u,v) \in D$ に対応する円柱上の点 $(\cos u, \sin u, v)$ と $(0,0,v)$ を結ぶ線分と球 S の交点
$$x = \sqrt{1-v^2}\cos u, \quad y = \sqrt{1-v^2}\sin u, \quad z = v$$
を対応させる．この対応によって移りあう D 内の図形と，球面上の図形の面積は等しいことが次のようにしてわかる．

　球面上の図形 W は北半球（すなわち $z \geq 0$ の部分）にあるとしよう．このとき $z = \sqrt{1-x^2-y^2}$ だから，W の面積を A とするとき
$$A = \iint_W \sqrt{1+(z_x)^2+(z_y)^2}\,dxdy = \iint_W \sqrt{\frac{1}{1-x^2-y^2}}\,dxdy$$
で与えられる．これを $x = \sqrt{1-v^2}\cos u,\ y = \sqrt{1-v^2}\sin u$ で変数変換すると
$$A = \iint_D dudv$$
となって A が D の面積に一致することがわかる．

5.4 曲線の長さ

5.4.1 $y=f(x)$ で表される曲線の長さ

$y=f(x)$ を閉区間 $[a,b]$ で定義された微分可能な関数とし，曲線 $y=f(x)$ を C とする．

n を正の整数とし，$x_i = a + \dfrac{i}{n}(b-a)$ として C 上に点 $P_i(x_i, f(x_i))$ $(i=0,1,2,\cdots,n)$ をとる．折線 $P_0P_1, P_1P_2, \cdots, P_{n-1}P_n$ の長さ $\overline{P_{i-1}P_i}$ の和 $\sum_{i=1}^{n}\overline{P_{i-1}P_i}$ の，$n \to \infty$ としたときの極限値が曲線 C の長さ L である．すなわち

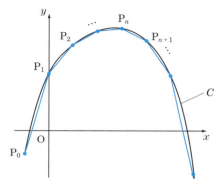

図 5.11 折れ線と曲線の長さ

$$L = \lim_{n\to\infty} \sum_{i=1}^{n} \overline{P_{i-1}P_i} \tag{5.18}$$

である（図 5.11）．

定理 5.8 $f(x)$ を閉区間 $[a,b]$ で定義された微分可能な関数とする．xy 平面の曲線 $y=f(x)$ $(a \leq x \leq b)$ の長さを L とすると

$$L = \int_a^b \sqrt{1 + \{f'(x)\}^2}\, dx \tag{5.19}$$

である．

証明 n を正の整数，$x_i = a + \dfrac{i}{n}(b-a)$ $(i=1,2,\cdots,n)$ とするとき，2点 $P_{i-1}(x_{i-1}, f(x_{i-1}))$, $P_i(x_i, f(x_i))$ $(i=1,2,\cdots,n)$ を結ぶ線分 $\overline{P_{i-1}P_i}$ の長さは

$$\overline{P_{i-1}P_i} = \sqrt{(x_i - x_{i-1})^2 + \{f(x_i) - f(x_{i-1})\}^2}$$

である．平均値の定理を用いると

$$f(x_i) - f(x_{i-1}) = f'(c_i)(x_i - x_{i-1})$$

となる c_i $(x_{i-1} < c_i < x_i)$ が存在して

$$\overline{P_{i-1}P_i} = (x_i - x_{i-1})\sqrt{1 + \{f'(c_i)\}^2} \qquad (x_{i-1} < c_i < x_i)$$

となる．定積分の定義から

$$\lim_{n\to\infty} \sum_{i=1}^{n} (x_i - x_{i-1})\sqrt{1 + \{f'(c_i)\}^2} = \int_a^b \sqrt{1 + \{f'(x)\}^2}\, dx$$

であり，(5.18) によって

$$L = \int_a^b \sqrt{1 + \{f'(x)\}^2}\, dx$$

である．■

$\sqrt{1 + \{f'(x)\}^2}\, dx$ は，曲線のごく微小な部分の長さを表すと考えられることを注意しておこう（図 5.12）．それを総和する，すなわち積分することで曲線の長さが求められる．

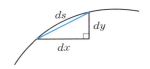

図 5.12 $ds = \sqrt{1 + \{f'(x)\}^2}\, dx$

例題 5.7 a を正の定数とする．懸垂線 $y = f(x) = a \cosh \dfrac{x}{a}$ ($0 \leq x \leq l$) の長さ L を求めよ．

解答 $f'(x) = \sinh \dfrac{x}{a}$ に注意して公式 (5.19) を用いると，

$$L = \int_0^l \sqrt{1 + \sinh^2 \frac{x}{a}}\, dx = \int_0^l \cosh \frac{x}{a}\, dx = \left[a \sinh \frac{x}{a} \right]_0^l = a \sinh \frac{l}{a}$$

である．◆

5.4.2 媒介変数表示された曲線の長さ

媒介変数表示された曲線の長さは次で求められる．

定理 5.9 $x(t)$，$y(t)$ を，閉区間 $[\alpha, \beta]$ で定義された微分可能な関数とする．xy 平面の曲線

$$C : x = x(t), \quad y = y(t) \qquad (\alpha \leq t \leq \beta)$$

の長さ L は

$$L = \int_\alpha^\beta \sqrt{\{x'(t)\}^2 + \{y'(t)\}^2}\, dt \tag{5.20}$$

で与えられる．

証明 (5.19) に $x = x(t)$ による置換積分を行えばよい． ∎

例題 5.8 サイクロイド（図 5.13）
$$x = t - \sin t, \quad y = 1 - \cos t \quad (0 \leq t \leq 2\pi)$$
の長さを求めよ．

解答 $x' = 1 - \cos t$, $y' = \sin t$ だから，公式 (5.20) により
$$L = \int_0^{2\pi} \sqrt{(1-\cos t)^2 + \sin^2 t}\, dt = \int_0^{2\pi} \sqrt{2(1-\cos t)}\, dt$$
$$= \int_0^{2\pi} \sqrt{4\sin^2 \frac{t}{2}}\, dt = 2\int_0^{2\pi} \sin \frac{t}{2}\, dt = 8$$

である． ◆

5.4.3 極方程式 $r = f(\theta)$ で表される曲線の長さ

極座標 (r, θ) の変数 r, θ の間の関係式
$$r = f(\theta)$$
を**極方程式**という．

例 5.3 (1) 原点から出る傾き 1 の半直線：$\theta = \dfrac{\pi}{4}$
(2) 原点を中心とする半径 1 の円：$r = 1$

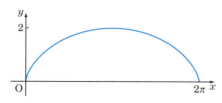

図 5.13 サイクロイド：$x = t - \sin t$, $y = 1 - \cos t$ $(0 \leq t \leq 2\pi)$

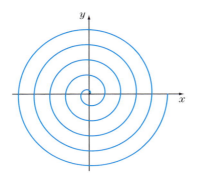

図 5.14 アルキメデスのらせん：$r = \theta$

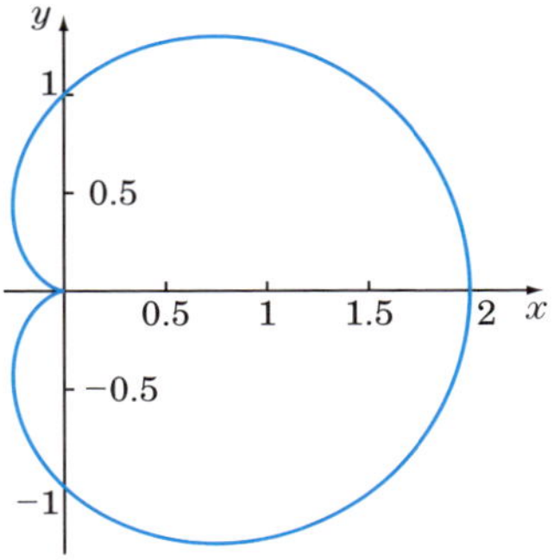

図 5.15 カージオイド（心臓形）：$r = 1 + \cos\theta$

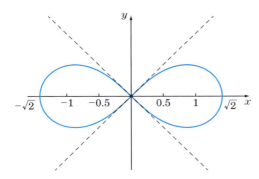

図 5.16 レムニスケート（双眼形，連珠形）：$r^2 = 2\cos 2\theta$．破線は $y = \pm x$

(3) アルキメデスのらせん（図 5.14）：$r = \theta$
(4) カージオイド（図 5.15）：$r = 1 + \cos\theta$
(5) レムニスケート（図 5.16）：$r^2 = 2\cos 2\theta$ ◆

極方程式 $r = f(\theta)$ を，極座標変換の式 $x = r\cos\theta, y = r\sin\theta$ に代入すると
$$x = r\cos\theta = f(\theta)\cos\theta, \quad y = r\sin\theta = f(\theta)\sin\theta$$
となり θ を変数とする曲線の媒介変数表示が得られる．

定理 5.10 極方程式 $r = f(\theta)$ $(\alpha \leq \theta \leq \beta)$ で表される曲線の長さ L は

$$L = \int_\alpha^\beta \sqrt{r^2 + \{r'\}^2}\, d\theta = \int_\alpha^\beta \sqrt{\{f(\theta)\}^2 + \{f'(\theta)\}^2}\, d\theta \quad (5.21)$$

で与えられる．

証明 θ を，媒介変数として $x = f(\theta)\cos\theta$, $y = f(\theta)\sin\theta$ と表される曲線に，公式 (5.20) を用いればよい． ∎

例題 5.9 アルキメデスのらせん
$$r = f(\theta) = \theta \qquad (0 \leq \theta \leq 2\pi)$$
の長さを求めよ．

解答 公式 (5.21) および定理 3.1(14) を用いると

$$L = \int_0^{2\pi} \sqrt{\theta^2 + 1}\, d\theta$$
$$= \frac{1}{2}\left[\theta\sqrt{\theta^2+1} + \log|\theta + \sqrt{\theta^2+1}|\right]_0^{2\pi}$$
$$= \frac{1}{2}\{2\pi\sqrt{1+4\pi^2} + \log(2\pi + \sqrt{1+4\pi^2})\}. \quad◆$$

演習問題 5.4

5.4.1 放物線 $y = x^2$ の $0 \leq x \leq 1$ の部分の長さを求めよ．

5.4.2 アステロイド $x = \cos^3 t$, $y = \sin^3 t$ $(0 \leq t \leq 2\pi)$ の長さを求めよ（図 5.17）．

5.4.3 カージオイド $r = 1 + \cos\theta$ $(0 \leq \theta \leq 2\pi)$ の長さを求めよ．

5.4.4 以下の問に答えよ．
  (1) 直線 $x + \sqrt{3}\, y = 4$ を極方程式で表せ．
  (2) 円 $x^2 + y^2 - 2x = 0$ を極方程式で表せ．

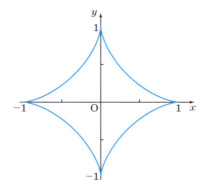

図 5.17　アステロイド（星芒形）：$x = \cos^3 t, y = \sin^3 t$

5.5　面　積

5.5.1　単純閉曲線の内部の面積

> **定理 5.11**　$f(x)$, $g(x)$ は閉区間 $[a, b]$ で定義された連続関数で $f(x) \geq g(x)$ をみたすものとする．曲線 $y = f(x)$ および $y = g(x)$, 直線 $x = a$, $x = b$ で囲まれる xy 平面の部分の面積を S とすると
> $$S = \int_a^b \{f(x) - g(x)\} dx \tag{5.22}$$
> である（図 5.18）．

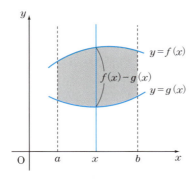

図 5.18　面積

媒介変数表示された曲線
$$C: x = x(t), \quad y = y(t) \quad (a \leq t \leq b)$$
の始点と終点が一致する，すなわち $(x(a), y(a)) = (x(b), y(b))$ が成り立つとき，C は**閉曲線**であるという．閉曲線 C が自分自身と交わらないとき，すなわち $a \leq t < u < b$ ならば $(x(t), y(t)) \neq (x(u), y(u))$ が成り立つとき，C は**単純閉曲線**であるという．媒介変数 t が増加するにつれて，対応する点 $(x(t), y(t))$ が反時計回りに動くとき C は**正の向き**の単純閉曲線であるといい，時計回りに動くとき C は**負の向き**の単純閉曲線であるという（図 5.19 と 5.20）．

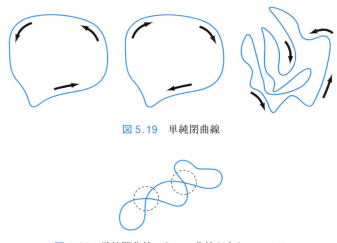

図 5.19　単純閉曲線

図 5.20　単純閉曲線でない．曲線が交わっている

　正の向きを持つ単純閉曲線の内部の面積を与える公式について考えるために，単位円 $x^2 + y^2 = 1$ により囲まれる部分の面積を考えてみよう．原点を中心とする単位円の内部の面積を A とする．A は $y = f(x) = \sqrt{1-x^2}$ および $y = g(x) = -\sqrt{1-x^2}$ で囲まれた部分の面積だから定理 5.11 によって

$$A = \int_{-1}^{1} \{f(x) - g(x)\}\,dx = \int_{-1}^{1} f(x)\,dx - \int_{-1}^{1} g(x)\,dx$$
(5.23)

である．

一方，単位円は，媒介変数 t を用いて

$$x = x(t) = \cos t, \quad y = y(t) = \sin t \quad (0 \leq t \leq 2\pi)$$

とも表されている．(5.23) を，$x = x(t) = \cos t$ で置換積分すると，$f(x)$ の定積分では，$x = -1$ に $t = \pi$ が，$x = 0$ に $t = 0$ が対応し，$g(x)$ の定積分では，$x = -1$ に $t = \pi$ が，$x = 0$ に $t = 2\pi$ が対応するから，

$$A = \int_{\pi}^{0} f(x(t))\,x'(t)\,dt - \int_{\pi}^{2\pi} g(x(t))\,x'(t)\,dt$$

となる．ここで $f(x(t)) = g(x(t)) = y(t) = \sin t$，$x'(t) = -\sin t$ だから

$$A = -\int_{0}^{\pi} y(t)\,x'(t)\,dt - \int_{\pi}^{2\pi} y(t)\,x'(t)\,dt = -\int_{0}^{2\pi} y(t)\,x'(t)\,dt$$

となり $A = \int_{0}^{2\pi} \sin^2 t\,dt = \pi$ となる．

上で用いた面積の計算方法は，正の向きを持つ単純閉曲線に対して一般化される（図 5.21）．

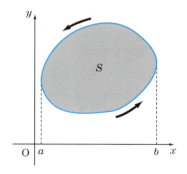

図 5.21 単純閉曲線の内部

> **定理 5.12**　正の向きを持った単純閉曲線
> $$C: x = x(t), \quad y = y(t) \quad (\alpha \leq t \leq \beta)$$
> の内部の面積を S とすると
> $$S = -\int_\alpha^\beta y(t)\frac{dx}{dt}\,dt = \int_\alpha^\beta x(t)\frac{dy}{dt}\,dt \tag{5.24}$$
> が成り立つ．

> **例題 5.10**　アステロイド $x = \cos^3 t,\ y = \sin^3 t\ (0 \leq t \leq 2\pi)$ の内部の面積 S を求めよ．

解答　(5.24) を用いて

$$S = -\int_0^{2\pi} y(t)x'(t)\,dt = 3\int_0^{2\pi} \sin^4 t \cos^2 t\,dt$$
$$= 3\int_0^{2\pi} (\sin^4 t - \sin^6 t)\,dt = 12\int_0^{\pi/2} (\sin^4 t - \sin^6 t)\,dt$$

となる．(3.15) を用いれば

$$A = 12\left(\frac{3}{4}\frac{1}{2}\frac{\pi}{2} - \frac{5}{6}\frac{3}{4}\frac{1}{2}\frac{\pi}{2}\right) = 12\,\frac{3}{4}\frac{1}{2}\left(1 - \frac{5}{6}\right)\frac{\pi}{2} = \frac{3}{8}\pi$$

である．◆

5.5.2　極方程式が表す部分の面積

次は，2 重積分の定義からただちにわかる．

> **定理 5.13**　有界閉領域 D の面積を S とすると
> $$S = \iint_D dxdy \tag{5.25}$$
> である．

5.5 面　積

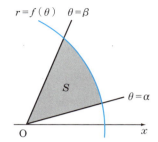

図 5.22　極方程式

極方程式で表される図形の面積に関して，次の公式が成り立つ．

定理 5.14　極方程式 $r = f(\theta)$ $(\alpha \leq \theta \leq \beta)$ で表される曲線および 2 つの半直線 $\theta = \alpha$, $\theta = \beta$ で囲まれる閉領域 D（図 5.22）の面積を S とすると

$$S = \frac{1}{2}\int_\alpha^\beta \{f(\theta)\}^2 d\theta \tag{5.26}$$

である．

証明　D を xy 平面の閉領域

$$D = \{(r\cos\theta, r\sin\theta) \mid \alpha \leq \theta \leq \beta,\ 0 \leq r \leq f(\theta)\}$$

（図 5.22）とし，E を $r\theta$ 平面の閉領域

$$E = \{(r, \theta) \mid \alpha \leq \theta \leq \beta,\ 0 \leq r \leq f(\theta)\}$$

とする．定理 5.13 に極座標変換を施すと

$$S = \iint_D dxdy = \iint_E r\,drd\theta = \int_\alpha^\beta \left(\int_0^{f(\theta)} r\,dr\right)d\theta = \frac{1}{2}\int_\alpha^\beta \{f(\theta)\}^2 d\theta$$

を得る．■

例題 5.11　レムニスケート（図 5.16）の $x \geq 0$ の部分 $r^2 = 2\cos 2\theta$ $\left(-\dfrac{\pi}{4} \leq \theta \leq \dfrac{\pi}{4}\right)$ が囲む部分の面積 S を求めよ．

解答　公式 (5.26) を用いると，

$$S = \frac{1}{2}\int_{-\frac{\pi}{4}}^{\frac{\pi}{4}} (2\cos 2\theta)\,d\theta = \int_{-\frac{\pi}{4}}^{\frac{\pi}{4}} \cos 2\theta\,d\theta = 1.\ \ \blacklozenge$$

演習問題 5.5

5.5.1 楕円 $\dfrac{x^2}{a^2}+\dfrac{y^2}{b^2}=1$ $(a,b>0)$ が囲む部分の面積を，公式 (5.24) を用いて求めよ．

5.5.2 カージオイド $r=1+\cos\theta$ $(0\leq\theta\leq 2\pi)$ が囲む部分の面積を求めよ．

5.5.3 xy 平面の有界閉領域 D の境界が，正の向きを持った単純閉曲線
$$x=x(t),\quad y=y(t)\qquad (\alpha\leq t\leq\beta)$$
であるとする．このとき，
$$\iint_D dxdy = \frac{1}{2}\left(\int_\alpha^\beta x(t)\frac{dy}{dt}\,dt - \int_\alpha^\beta y(t)\frac{dx}{dt}\,dt\right)$$
が成り立つことを示せ．

5.5.4 直交座標において，レムニスケートの方程式は $(x^2+y^2)^2=2(x^2-y^2)$ である．これよりレムニスケートの極方程式を導け．

5.6　体積と曲面積

5.6.1　体　積

次の定理は，面積に関する定理 5.11 の拡張である．

> **定理 5.15**　2 変数関数 $f(x,y)$, $g(x,y)$ は，xy 平面の有界閉領域 D で連続で $f(x,y)\geq g(x,y)$ をみたすものとする．D を底面とする柱から，曲面 $z=f(x,y)$, $z=g(x,y)$ が切り取る部分の体積を V とすると
> $$V = \iint_D \{f(x,y)-g(x,y)\}\,dxdy$$
> である（図 5.23）．

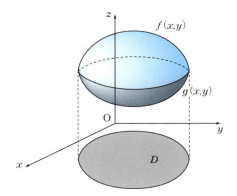

図 5.23　2 つの曲面が囲む部分の体積

例題 5.12　曲面 $S_1 : z = x^2 + y^2$ および平面 $S_2 : z = y$ とで囲まれる立体の体積を求めよ（図 5.24）．

解答　曲面 $z = x^2 + y^2$ は，xz 平面の放物線 $z = x^2$ を z 軸のまわりに 1 回転させてできる曲面（放物面）である．2 つの方程式から z を消去して得られる $x^2 + y^2 - y = 0$ は，曲面と平面の交線を xy 平面に正射影した曲線の方程式である．$x^2 + y^2 - y = 0$ は，点 $\left(0, \dfrac{1}{2}\right)$ を中心とする半径 $\dfrac{1}{2}$ の円である．問題の立体は

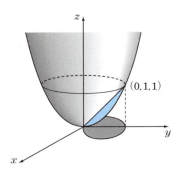

図 5.24　例題 5.12

$$D = \{(x, y) \mid x^2 + y^2 - y \leq 0\}$$

を底面とする柱の内部にある．

D の点 (x, y) に対して $z_1 = x^2 + y^2$，$z_2 = y$ とすると $z_2 - z_1 = y - x^2 - y^2 \geq 0$ となるから，D を底面とする円柱内で S_2 が S_1 の上側にある．したがって求める体積 V は

$$V = \iint_D \{y - (x^2 + y^2)\}\,dxdy$$

となる.

上の 2 重積分を極座標変換 $x = r\cos\theta$, $y = r\sin\theta$ を用いて求めよう. $y - (x^2 + y^2) = r\sin\theta - r^2$ から $r \leq \sin\theta$ となり, $y \geq 0$ から $0 \leq \theta \leq \pi$ となるから

$$V = \int_0^\pi \left\{\int_0^{\sin\theta} (r\sin\theta - r^2)r\,dr\right\} d\theta$$
$$= \frac{1}{12}\int_0^\pi \sin^4\theta\,d\theta = \frac{\pi}{32}$$

である. ◆

5.6.2 曲面積

これまで計算してきた面積は,平面図形の面積であった.

曲面の面積(**曲面積**)は,定理 5.8 で与えられた曲線の長さの公式に類似した次の公式で求められる.

> **定理 5.16** D を xy 平面の閉領域とする.曲面 $z = f(x, y)$ $((x, y) \in D)$ の面積を A とすると
> $$A = \iint_D \sqrt{1 + (z_x)^2 + (z_y)^2}\,dxdy$$
> である.

例題 5.13 半球面 $z = \sqrt{4 - x^2 - y^2}$ の円柱 $x^2 + y^2 = 2x$ 内にある部分の曲面積 S を求めよ.

解答 曲面の対称性に注意すると,S は,
$$D = \{(x, y)\,|\,x^2 + y^2 \leq 2x,\ y \geq 0\}$$
として

$$S = 2\iint_D \sqrt{1 + (z_x)^2 + (z_y)^2}\,dxdy$$

で与えられる．

$$z_x = \frac{-x}{\sqrt{4 - x^2 - y^2}}, \quad z_y = \frac{-y}{\sqrt{4 - x^2 - y^2}}$$

を代入すれば

$$S = 2\iint_D \frac{2}{\sqrt{4 - x^2 - y^2}}\,dxdy$$

となり，さらに極座標変換を用いて

$$S = 4\iint_E \frac{r}{\sqrt{4 - r^2}}\,drd\theta, \quad E = \left\{(r, \theta)\,|\,0 \leq r \leq 2\cos\theta,\ 0 \leq \theta \leq \frac{\pi}{2}\right\}$$

となり $S = 4(\pi - 2)$ を得る．◆

5.6.3 回 転 面

$f(x)$ を，閉区間 $[a, b]$ で正の値をとる連続関数とする．空間内の曲線 $y = f(x)\ (a \leq x \leq b)$ を x 軸のまわりに 1 回転してできる曲面を**回転面**という（図 5.25）．回転面によって囲まれる立体を**回転体**という．

例 5.4 (1) $y = 1\ (0 \leq x \leq 1)$ を x 軸のまわりに 1 回転してできる回転面は，円柱面 $y^2 + z^2 = 1\ (0 \leq x \leq 1)$ である．

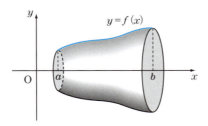

図 5.25 回転面

(2) r を正の定数とする．曲線 $y = \sqrt{r^2 - x^2}$ $(-r \leq x \leq r)$ を x 軸のまわりに 1 回転してできる回転面は，球面 $x^2 + y^2 + z^2 = r^2$ である． ◆

回転面の曲面積に関して，次の定理が成り立つ．

> **定理 5.17** 曲線 $y = f(x) \geq 0$ $(a \leq x \leq b)$ を x 軸のまわりに 1 回転してできる回転面の曲面積 A について
> $$A = 2\pi \int_a^b f(x) \sqrt{1 + \{f'(x)\}^2}\, dx \qquad (5.27)$$
> が成り立つ (図 5.25)．

証明 回転面の $z \geq 0$ の部分を $z = g(x, y)$ の形で表し，その曲面積を求める．対称性から，この曲面積を 2 倍すれば回転面全体の曲面積となる．x を固定したときの回転面の切り口は $y^2 + z^2 = \{f(x)\}^2$ である．これを $z \geq 0$ として解けば
$$z = g(x, y) = \sqrt{\{f(x)\}^2 - y^2}$$
を得る．
$$g_x = \frac{f(x) f'(x)}{\sqrt{\{f(x)\}^2 - y^2}}, \quad g_y = \frac{-y}{\sqrt{\{f(x)\}^2 - y^2}}$$
に注意して定理 5.16 を用いると，$D = \{(x, y) \mid a \leq x \leq b,\ -f(x) \leq y \leq f(x)\}$ として，
$$A = 2 \iint_D \sqrt{1 + \{g_x(x, y)\}^2 + \{g_y(x, y)\}^2}\, dxdy$$
$$= 2 \int_a^b \left(\int_{-f(x)}^{f(x)} \frac{f(x) \sqrt{1 + \{f'(x)\}^2}}{\sqrt{\{f(x)\}^2 - y^2}}\, dy \right) dx$$
となる．定理 3.1(11) により
$$A = 2 \int_a^b f(x) \sqrt{1 + \{f'(x)\}^2} \left[\sin^{-1} \frac{y}{f(x)} \right]_{-f(x)}^{f(x)} dx$$
$$= 2\pi \int_a^b f(x) \sqrt{1 + \{f'(x)\}^2}\, dx$$
を得る．∎

✓**注意** (5.27) は半径 $f(x)$ の円の円周 $2\pi f(x)$ に,曲線 $y = f(x)$ の微小な長さ $\sqrt{1 + \{f'(x)\}^2}\, dx$ をかけて積分したものと考えれば,直感的に記憶しやすいであろう.

例題 5.14 半径 r の球面を S とし,S の曲面積を A とする.S を,曲線 $y = \sqrt{r^2 - x^2}$ $(-r \leq x \leq r)$ を x 軸のまわりに 1 回転してできる回転面と考え,定理 5.17 を用いて A を求めよ.

解答 $y' = -\dfrac{x}{\sqrt{r^2 - x^2}}$ に注意して定理 5.17 を用いると
$$A = 2\pi \int_{-r}^{r} \sqrt{r^2 - x^2} \sqrt{1 + \frac{x^2}{r^2 - x^2}}\, dx = 2\pi \int_{-r}^{r} r\, dx = 4\pi r^2$$
となる.これはよく知られた球の表面積の公式である.◆

また,回転体の体積 V について,次の公式が成り立つ.

定理 5.18 曲線 $y = f(x) \geq 0$ $(a \leq x \leq b)$ を x 軸のまわりに 1 回転してできる回転体の体積 V について
$$V = \pi \int_{a}^{b} \{f(x)\}^2\, dx \tag{5.28}$$
が成り立つ.

証明 x 座標が x $(a \leq x \leq b)$ である点で x 軸と垂直に交わる平面での回転体の切り口は半径 $f(x)$ の円であり,その面積は $\pi \{f(x)\}^2$ であることと,カヴァリエリの原理 (5.6) によってわかる.■

演習問題 5.6

5.6.1 以下の立体の体積を求めよ.
 (1) $D = \{0 \leq x \leq 1,\ 0 \leq y \leq 1\}$ 上で $f(x, y) = x + y$ と $g(x, y) = -(x + y) + 5$ で囲まれる立体.
 (2) $D = \{0 \leq x \leq 1,\ 0 \leq y \leq 1\}$ 上で $f(x, y) = x + y$ と $g(x, y) = -(x + y) + 2$ で囲まれる立体.

5.6.2 以下の立体の体積を求めよ.
 (1) 不等式
$$x \geq 0, \quad y \geq 0, \quad x \leq 1 - y^2, \quad 0 \leq z \leq 1 - x^2$$
 で表される立体.
 (2) 球 $x^2 + y^2 + z^2 \leq 4$ と直円柱 $x^2 + y^2 \leq 2x$ の共通部分.

5.6.3 以下の曲面の曲面積を求めよ.
 (1) $z = \dfrac{x^2 + y^2}{2}$, $x^2 + y^2 \leq 1$ で表される曲面.
 (2) $y = \sin x$ $(0 \leq x \leq \pi)$ を x 軸のまわりに 1 回転してできる曲面.
 (3) 曲面 $z = 1 - x^2 - y^2$ の $z \geq 0$ の部分.

グリーンの定理 [column]

　正の向きを持った単純閉曲線 $C : x = x(t)$, $y = y(t)$ の内部の面積を A とするとき

$$A = \int_a^b \left(\frac{-y}{2} \frac{dx}{dt} + \frac{x}{2} \frac{dy}{dt} \right) dt \tag{5.29}$$

が成り立つ. (5.29) は線積分と呼ばれるものの一例である.

　一般に 2 変数関数 $P(x,y)$, $Q(x,y)$ と曲線 (単純閉曲線でなくてもよい) $C : x = x(t)$, $y = y(t)$ が与えられたとき定積分の式

$$\int_a^b \left(P(x(t), y(t)) \frac{dx}{dt} + Q(x(t), y(t)) \frac{dy}{dt} \right) dt$$

から形式的に dt を約して

$$\int_C P\,dx + Q\,dy$$

と書く. これを, 曲線 C に沿うベクトル場 (P, Q) の**線積分**という. 線積分の記号を用いれば (5.29) は

$$A = \int_C -\frac{y}{2}\,dx + \frac{x}{2}\,dy$$

となる.

$C: x = x(t), y = y(t)$ を正の向きの単純閉曲線, C が囲む部分を D とする. $P(x,y)$ および $Q(x,y)$ が D で定義されているとき

$$\iint_D (-P_y + Q_x)\,dxdy = \int_C P\,dx + Q\,dy \qquad (5.30)$$

が成り立つことが知られている(グリーンの定理). これは,微分積分学の基本定理の系 3.10 に対応するものであって非常に重要な定理である.

グリーンの定理を認めると (5.30) で $P = -\dfrac{y}{2}$, $Q = \dfrac{x}{2}$ とおくことによって (5.29) は容易に得られる.

補遺　式と曲線

高等学校で様々な関数とそのグラフについて学んでいる．ここでは補遺として，曲線の概形を描く際に便利な知識をまとめておく．本文を読む際に適宜参照していただきたいと思う．

A.1　曲線の移動

$y = x^2$ や $x^2 + y^2 = 1$ を一度に扱うことができるように，曲線は $F(x, y) = 0$ の形に表されているものとする．曲線 C が

$$C = \{(x, y) \mid F(x, y) = 0\}$$

と表されるとき，$F(x, y) = 0$ を**曲線 C の方程式**という．また，C を $F(x, y) = 0$ が表す曲線という．

$F(x, y) = 0$ が表す曲線を C とし，C をベクトル $\vec{v} = (a, b)$ に沿って平行移動した曲線を C' とする．(X, Y) が C' の上にあるとき $(X - a, Y - b)$ は C の上にあるから

$$F(X - a, Y - b) = 0 \tag{A.1}$$

が成り立つ（図 A.1）．また逆も成り立つ．

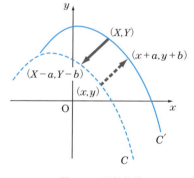

図 A.1　平行移動

> **定理 A.1** 曲線 C の方程式が
> $$F(x, y) = 0$$
> であるとき，C をベクトル (a, b) に沿って平行移動した曲線 C' の方程式は
> $$F(x - a, y - b) = 0$$
> である．

曲線
$$C = \{(x, y) \mid F(x, y) = 0\}$$
の対称性について以下が成り立つ

> **定理 A.2** a, b を定数とする．
> (1) 任意の実数 $t, y \in \boldsymbol{R}$ に対して
> $$F(a - t, y) = F(a + t, y)$$
> が成り立つとき，曲線 C は直線 $x = a$ に関する対称移動で不変である．
> (2) 任意の実数 $x, t \in \boldsymbol{R}$ に対して
> $$F(x, b - t) = F(x, b + t)$$
> が成り立つとき，曲線 C は直線 $y = b$ に関する対称移動で不変である．
> (3) 任意の実数 $s, t \in \boldsymbol{R}$ に対して
> $$F(a - s, b - t) = F(a + s, b + t)$$
> が成り立つとき，曲線 C は点 (a, b) に関する対称移動で不変である．

例 A.1 (1) $y = \dfrac{2x + 3}{x + 1}$ が表す曲線は
$$y = \frac{2x + 3}{x + 1} \iff xy - 2x + y - 3 = 0 \iff (x + 1)(y - 2) - 1 = 0$$
だから，双曲線 $\{(x, y) \mid xy - 1 = 0\}$ を $(-1, 2)$ だけ平行移動した曲線で

ある．また，この曲線は，点 $(-1, 2)$ に関して対称である．

(2) $y = \sqrt{x+2} + 1$ が表す曲線は
$$y = \sqrt{x+2} + 1 \iff (y-1) - \sqrt{x+2} = 0$$
だから，曲線 $C = \{(x, y) \mid y - \sqrt{x} = 0\}$ を $(-2, 1)$ だけ平行移動した曲線である． ◆

A.2 漸近線

$x \to \infty$ のとき，曲線 $y = \dfrac{1}{x}$ 上の点は，x 軸に近づいていく．
$$\lim_{x \to \infty} |f(x) - (ax + b)| = 0 \tag{A.2}$$

が成り立つとき，直線 $y = ax + b$ は曲線 $y = f(x)$ の，$x \to \infty$ のときの**漸近線**であるという．$x \to -\infty$ のときの漸近線も同様に定義される．

すべての曲線に対して，$x \to \pm\infty$ のときの漸近線が存在するものではない．

曲線 $y = f(x)$ の，$x \to \infty$ のときの漸近線が存在すると仮定する．漸近線の方程式を $y = ax + b$ とすると (A.2) から
$$a = \lim_{x \to \infty} \frac{f(x)}{x}$$
である．

例 A.2 $f(x) = \dfrac{(x+1)^3}{x^2+1}$ とする．このとき
$$\lim_{x \to \infty} \frac{f(x)}{x} = \lim_{x \to \infty} \frac{\left(1 + \dfrac{1}{x}\right)^3}{1 + \dfrac{1}{x^2}} = 1$$
となり
$$\lim_{x \to \infty} (f(x) - x) = \lim_{x \to \infty} \frac{(x+1)^3 - x(x^2+1)}{x^2+1} = \lim_{x \to \infty} \frac{3x^2 + 2x + 1}{x^2+1} = 3$$

となるから $y = x + 3$ は曲線 $y = f(x)$ の, $x \to \infty$ のときの漸近線である. ◆

A.3 極座標

$$x = r\cos\theta, \quad y = r\sin\theta$$

により,極座標 (r, θ) と直交座標 (x, y) が対応する.

> **定理 A.3** 極方程式
> $$r = f(\theta) \qquad (\alpha \leq \theta \leq \beta)$$
> が表す曲線を C とする.
> (1) $f(\theta)$ が偶関数であるとき C は x 軸に関して対称である.
> (2) $f(\pi/2 - \theta) = f(\pi/2 + \theta)$ がすべての θ に対して成り立つとき, C は y 軸に関して対称である.

証明 (1) のみ示す.

(X, Y) を C の点とすると $X = f(\theta)\cos\theta$, $Y = f(\theta)\sin\theta$ となる実数 θ が存在する. $f(\theta)$ が偶関数であるとすると

$$(f(-\theta)\cos(-\theta), f(-\theta)\sin(-\theta)) = (X, -Y)$$

となる. ∎

A.4 軌跡の方程式

条件 p をみたす点全体のなす集合を,条件 p をみたす点の**軌跡**という. 条件 p をみたす点の軌跡が曲線 C であるとき, C の方程式を,条件 p をみたす点の**軌跡の方程式**という.

A.4.1 レムニスケート

2 点 $(-a, 0)$, $(a, 0)$ からの距離の積が a^2 に等しい点の軌跡を**レムニス**

ケートという．レムニスケートの方程式は
$$(x^2+y^2)^2 + 2a^2(-x^2+y^2) = 0 \qquad (A.3)$$
である．定理 A.2 によりレムニスケートは x 軸，y 軸に関して対称である．また，原点に関しても対称である．

(A.3) を極座標で表すと
$$r^2 = 2a^2 \cos 2\theta$$
となる (151 ページ，例 5.3 (5))．対称性に関することは，定理 A.3 を用いてもわかる．

A.4.2 サイクロイド

周上の 1 点に印を付けた半径 1 の円板が，ある直線に接しながらころがるときに，円板上の印の付いた点が描く曲線を**サイクロイド**という (150 ページ，例題 5.8)．

円板と直線の接点を Q，Q で接する円板の中心を O′，O′ を中心とする円板上の印を付けた点の位置を P とする (図 A.2)．

円板上に印を付けた点の最初の位置が原点であるとし，原点と Q の距離を θ とすると $\angle \mathrm{QO'P} = \theta$ で
$$\overrightarrow{\mathrm{OO'}} = (\theta, 1),$$
$$\overrightarrow{\mathrm{O'P}} = (\cos(-\pi/2 - \theta), \sin(-\pi/2 - \theta)) = (-\sin\theta, -\cos\theta),$$
となるから，P の座標を P(x, y) とすると

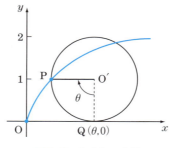

図 A.2　サイクロイド

$$x = \theta - \sin\theta, \quad y = 1 - \cos\theta$$

である．

A.4.3 ハイポサイクロイドとエピサイクロイド

b を正の数とする．

原点を中心とする半径 1 の円と半径 b の円板が点 A$(1, 0)$ の位置で内接している．このとき，半径 b の円板の点 $(1, 0)$ の位置にある点に印を付ける．この円板を，円板が半径 1 の円に内接した状態を保って，滑らないようにころがすとき円板上に付けた印が描く曲線を**ハイポサイクロイド**という（図 A.3）．

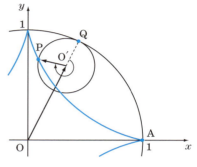

図 A.3　ハイポサイクロイド

原点を中心とする半径 1 の円と半径 b の円板が点 A$(1, 0)$ の位置で外接している．このとき，半径 b の円板の点 $(1, 0)$ の位置にある点に印を付ける．この円板を，円板が半径 1 の円に外接した状態を保って，滑らないようにころがすとき円板上に付けた印が描く曲線を**エピサイクロイド**という（図 A.4）．

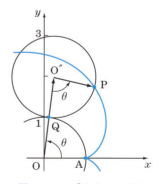

図 A.4　エピサイクロイド

半径 1 の円と半径 b の円板の接点を Q とし，円板が内接するとき内接する半径 b の円板の中心を O′，円板が外接するとき外接する半径 b の円板の中心を O″ とする．∠AOQ $= \theta$ とするとき

$$\overrightarrow{OO'} = (1-b)(\cos\theta, \sin\theta), \quad \overrightarrow{OO''} = (1+b)(\cos\theta, \sin\theta).$$

である．円板が内接するときには

$$\overrightarrow{\mathrm{O'P}} = b\left(\cos\left(1 - \frac{1}{b}\right)\theta,\ \sin\left(1 - \frac{1}{b}\right)\theta\right)$$

だから P の座標を P(x, y) とすると

$$x = (1-b)\cos\theta + b\cos\frac{(1-b)\theta}{b},$$

$$y = (1-b)\sin\theta - b\sin\frac{(1-b)\theta}{b}$$

である．とくに $b = 1/4$ のときは

$$x = \cos^3\theta, \quad y = \sin^3\theta$$

となりアステロイド (152 ページ, 演習問題 5.4.2) である．

円板が外接するときには

$$\overrightarrow{\mathrm{O''P}} = b\left(\cos\left(\pi + \left(\frac{1}{b} + 1\right)\theta\right),\ \sin\left(\pi + \left(\frac{1}{b} + 1\right)\theta\right)\right)$$

だから P の座標を P(x, y) とすると

$$x = (b+1)\cos\theta - b\cos\frac{(b+1)\theta}{b},$$

$$y = (b+1)\sin\theta - b\sin\frac{(b+1)\theta}{b}$$

である．とくに $b = 1$ のときは

$$x = 2\cos\theta - \cos 2\theta, \quad y = 2\sin\theta - \sin 2\theta$$

となるがこれは，カージオイド (151 ページ, 図 5.15) に平行移動と相似変形を施した図形である．実際, $\xi = \dfrac{1-x}{2},\ \eta = \dfrac{y}{2}$ とすると

$$\xi = -\cos\theta(1 - \cos\theta), \quad \eta = \sin\theta(1 - \cos\theta)$$

となり

$$r^2 = \xi^2 + \eta^2 = (1 - \cos\theta)^2 = (1 + \cos(\theta + \pi))^2$$

となる．

演習問題の解答

第 1 章

1.1 節

1.1.1 (1) $\displaystyle\lim_{n\to\infty}\frac{n(n^2+1)}{(1-2n)^3}=\lim_{n\to\infty}\frac{n^3+n}{n^3\left(\frac{1}{n}-2\right)^3}=\lim_{n\to\infty}\frac{1+\frac{1}{n^2}}{\left(\frac{1}{n}-2\right)^3}=-\frac{1}{8}.$

(2) $-\dfrac{1}{\sqrt{n}}\le\dfrac{1}{\sqrt{n}}\cos\left(\dfrac{\pi}{3}n\right)\le\dfrac{1}{\sqrt{n}}$ であるから，はさみうちの原理 (定理 1.1 (6)) より，$\displaystyle\lim_{n\to\infty}\frac{1}{\sqrt{n}}\cos\left(\frac{\pi}{3}n\right)=0.$

(3) $\displaystyle\lim_{n\to\infty}(\sqrt{n^2+5}-n)=\lim_{n\to\infty}\frac{(\sqrt{n^2+5}-n)(\sqrt{n^2+5}+n)}{\sqrt{n^2+5}+n}=0.$

(4) $\displaystyle\lim_{n\to\infty}\sqrt{n}\,(\sqrt{n+4}-\sqrt{n+2})$

$\displaystyle\qquad=\lim_{n\to\infty}\sqrt{n}\,\frac{(\sqrt{n+4}-\sqrt{n+2})(\sqrt{n+4}+\sqrt{n+2})}{\sqrt{n+4}+\sqrt{n+2}}=1.$

(5) $1<\dfrac{\sqrt{5}}{2}$ であるから，例 1.4 (1) より，$\displaystyle\lim_{n\to\infty}\left(\frac{2}{\sqrt{5}}\right)^{-n}=\lim_{n\to\infty}\left(\frac{\sqrt{5}}{2}\right)^n=\infty.$

(6) $\displaystyle\lim_{n\to\infty}\frac{(-2)^{n-1}}{3+2(-2)^n}=\lim_{n\to\infty}\frac{1}{\dfrac{3}{(-2)^{n-1}}-4}=-\frac{1}{4}.$

(7) $\displaystyle\lim_{n\to\infty}\sum_{i=1}^{n}\frac{1}{i(i+1)}=\lim_{n\to\infty}\sum_{i=1}^{n}\left(\frac{1}{i}-\frac{1}{i+1}\right)=\lim_{n\to\infty}\left(1-\frac{1}{n+1}\right)=1.$

(8) $\displaystyle\lim_{n\to\infty}\frac{1}{n^3}(1^2+2^2+\cdots+n^2)=\lim_{n\to\infty}\frac{1}{n^3}\frac{n(n+1)(2n+1)}{6}=\lim_{n\to\infty}\frac{2+\dfrac{3}{n}+\dfrac{1}{n^2}}{6}$

$= \dfrac{1}{3}$.

(9) 定理 1.3 (1) より，$\displaystyle\lim_{n\to\infty}\left(1-\dfrac{1}{n}\right)^{-n} = \lim_{n\to\infty}\left(1+\dfrac{1}{n-1}\right)^{n-1}\left(1+\dfrac{1}{n-1}\right) = e$.

(10) 定理 1.3 (1) より，$\displaystyle\lim_{n\to\infty}\left(1-\dfrac{1}{n^2}\right)^n = \lim_{n\to\infty}\left(\dfrac{1}{\left(1+\dfrac{1}{n^2-1}\right)^{n^2-1}\left(1+\dfrac{1}{n^2-1}\right)}\right)^{\frac{1}{n}}$

$= 1$.

1.1.2 (1) $r \leq -1$ の場合．任意の正数 m に対して $r^{2m+1} \leq -1 < 1 \leq r^{2m}$ となるから $\displaystyle\lim_{n\to\infty} r^n$ は存在しない．

$-1 < r < 1$ の場合．$a_n = |r|^n$ とおくと $-a_n \leq r^n \leq a_n$ が成り立つから，$\displaystyle\lim_{n\to\infty} a_n = 0$ を示せば，はさみうちの原理によって $\displaystyle\lim_{n\to\infty} r^n = 0$ となる．$a_{n+1} = |r| \times a_n < a_n < \cdots < a_1 = 1$ となり $\{a_n\}$ は上に有界な単調増加数列だから，定理 1.2 により極限値 $\displaystyle\lim_{n\to\infty} a_n = \alpha$ が存在する．定理 1.1 (1) を用いて

$$\alpha = \lim_{n\to\infty} |r|^n = \lim_{n\to\infty}(|r| \times |r|^{n-1}) = |r| \times \lim_{n\to\infty}|r|^{n-1} = |r|\alpha$$

となり，$(1-|r|)\alpha = 0$ となるから $\alpha = 0$，すなわち $\displaystyle\lim_{n\to\infty} a_n = 0$ である．

$r = 1$ の場合．$\displaystyle\lim_{n\to\infty} r^n = 1$ となることは明らかである．

$r > 1$ の場合．$a_n = r^n$ とおくと，$a_{n+1} = r \times a_n > a_n$ となるから，$\{a_n\}$ は単調増加数列である．$\displaystyle\lim_{n\to\infty} r^n = \infty$ を示すために，$\{a_n\}$ が上に有界な数列であると仮定して矛盾を導く．K を，すべての n に対して $a_n < K$ となる正の定数とすると，定理 1.1 (5) により $\displaystyle\lim_{n\to\infty} a_n \leq K$ となり，定理 1.1 (4) により

$$\lim_{n\to\infty} \dfrac{1}{a_n} = \lim_{n\to\infty}\left(\dfrac{1}{r}\right)^n \geq \dfrac{1}{K} > 0$$

となる．一方，$0 < 1/r < 1$ であることから，上で示した通り $\displaystyle\lim_{n\to\infty}\left(\dfrac{1}{r}\right)^n = 0$ となり，矛盾する．

(2) $|r| < 1$ のとき，$\displaystyle\lim_{n\to\infty}\dfrac{r^{n-1}}{3+2r^n} = 0$．$r = 1$ のとき，$\displaystyle\lim_{n\to\infty}\dfrac{r^{n-1}}{3+2r^n} = \dfrac{1}{5}$．

$1 < |r|$ のとき，$\displaystyle\lim_{n\to\infty}\dfrac{r^{n-1}}{3+2r^n} = \lim_{n\to\infty}\dfrac{1}{\dfrac{3}{r^{n-1}}+2r} = \dfrac{1}{2r}$．$r = -1$ で n が偶数のとき $\displaystyle\lim_{n\to\infty}\dfrac{r^{n-1}}{3+2r^n} = -1/5$ で，n が奇数のとき $\displaystyle\lim_{n\to\infty}\dfrac{r^{n-1}}{3+2r^n} = 1$ となるから発散

演習問題の解答 ● 175

する.

1.1.3 数学的帰納法によって証明する.

$n = 1$ のとき,$x + y = \sum_{i=0}^{1} {}_1C_i x^i y^{1-i}$ は成立する.

$n \in \mathbf{N}$ に対して,$(x+y)^n = \sum_{i=0}^{n} {}_nC_i x^i y^{n-i}$ が成立すると仮定する.このとき,

$$
\begin{aligned}
(x+y)^{n+1} &= (x+y)(x+y)^n \\
&= \sum_{i=0}^{n} {}_nC_i x^{i+1} y^{n-i} + \sum_{i=0}^{n} {}_nC_i x^i y^{n+1-i} \\
&= \sum_{j=1}^{n+1} {}_nC_{j-1} x^j y^{n+1-j} + \sum_{i=0}^{n} {}_nC_i x^i y^{n+1-i} \\
&= x^{n+1} + \sum_{j=1}^{n} {}_nC_{j-1} x^j y^{n+1-j} + \sum_{i=1}^{n} {}_nC_i x^i y^{n+1-i} + y^{n+1} \\
&= x^{n+1} + \sum_{i=1}^{n} ({}_nC_{i-1} + {}_nC_i) x^i y^{n+1-i} + y^{n+1} \\
&= x^{n+1} + \sum_{i=1}^{n} {}_{n+1}C_i x^i y^{n+1-i} + y^{n+1} \qquad (*) \\
&= \sum_{i=0}^{n+1} {}_{n+1}C_i x^i y^{n+1-i}.
\end{aligned}
$$

となり ((*) への変形では ${}_nC_{i-1} + {}_nC_i = {}_{n+1}C_i$ を用いた),$n+1$ のときにも与式は成り立つ.よって,すべての正の整数 n に対して与式は成り立つ.

1.1.4 (1) $n = 1, 2$ のときは自明である.$n \geq 3$ のとき,$n^{\frac{1}{n}} > 1$ となり,$a_n > 0$ である.二項定理 (演習問題 1.1.3) を用いると,

$$(1 + a_n)^n = \sum_{i=0}^{n} {}_nC_i a_n^i 1^{n-i} = 1 + n a_n + \frac{n(n-1)}{2} a_n^2 + \sum_{i=3}^{n} {}_nC_i a_n^i$$

となる.$\sum_{i=3}^{n} {}_nC_i a_n^i \geq 0$ だから,$n \geq 3$ のときにも問題の不等式は成り立つ.

(2) $\frac{n(n-1)}{2} x^2 + nx + 1 - n = 0$ に 2 次方程式の解の公式を用いると,

$x = \frac{-n \pm \sqrt{n^2 + 2n(n-1)^2}}{n(n-1)}$ となる.このことと,$\frac{n(n-1)}{2} > 0$ であることから,$n \geq 1 + n a_n + \frac{n(n-1)}{2} a_n^2$ をみたす a_n は

$$\frac{-n - \sqrt{n^2 + 2n(n-1)^2}}{n(n-1)} \leq a_n \leq \frac{-n + \sqrt{n^2 + 2n(n-1)^2}}{n(n-1)}$$

となる.

(3) $\displaystyle\lim_{n\to\infty}\frac{-n\pm\sqrt{n^2+2n(n-1)^2}}{n(n-1)}=\lim_{n\to\infty}\frac{-\frac{1}{n}\pm\sqrt{\frac{2}{n}-\frac{3}{n^2}+\frac{2}{n^3}}}{1-\frac{1}{n}}=0$ であるから,

(2) と,はさみうちの原理(定理 1.1 (6))より $\displaystyle\lim_{n\to\infty}a_n=0$ が示される.

1.2 節

1.2.1 (1) 定理 1.6 (1) より,$\displaystyle\lim_{x\to 0}\frac{\tan x}{x}=\lim_{x\to 0}\frac{\sin x}{x}\frac{1}{\cos x}=1$.

(2) $\cos x=1-2\sin^2\frac{x}{2}$ と定理 1.6 (1) を用いると,$\displaystyle\lim_{x\to 0}\frac{1-\cos x}{x^2}=\lim_{x\to 0}\frac{2\sin^2\frac{x}{2}}{4\left(\frac{x}{2}\right)^2}$
$=\frac{1}{2}$.

(3) $\cos x=-\sin\left(x-\frac{\pi}{2}\right)$ を用い,$y=x-\frac{\pi}{2}$ とし,定理 1.6 (1) を用いると,

$\displaystyle\lim_{x\to\frac{\pi}{2}}(\pi-2x)\tan x=2\lim_{x\to\frac{\pi}{2}}\left(x-\frac{\pi}{2}\right)\frac{\sin x}{\sin\left(x-\frac{\pi}{2}\right)}=2\lim_{y\to 0}\frac{y}{\sin y}\sin\left(y+\frac{\pi}{2}\right)=2$.

(4) $\displaystyle\lim_{x\to 0}\frac{x}{\sqrt{2-x}-\sqrt{2}}=\lim_{x\to 0}\frac{x(\sqrt{2-x}+\sqrt{2})}{(\sqrt{2-x}-\sqrt{2})(\sqrt{2-x}+\sqrt{2})}=-2\sqrt{2}$.

(5) $y=\frac{1}{x}$ とし,定理 1.6 (2) を用いると,$\displaystyle\lim_{x\to 0}(1+x)^{\frac{1}{x}}=\lim_{y\to\infty}\left(1+\frac{1}{y}\right)^y=e$.

(6) (5) より,$\displaystyle\lim_{x\to 0}\frac{\log(1+x)}{x}=\lim_{x\to 0}\log(1+x)^{\frac{1}{x}}=\log e=1$.

(7) $y=e^x-1$ とし,(6) を用いると,$\displaystyle\lim_{x\to 0}\frac{e^x-1}{x}=\lim_{y\to 0}\frac{y}{\log(1+y)}=1$.

(8) $0<a<b$ より $b^x<a^x+b^x<2b^x$ となり,$b<(a^x+b^x)^{\frac{1}{x}}<2^{\frac{1}{x}}b$ となる.
$b\leq\displaystyle\lim_{x\to\infty}(a^x+b^x)^{\frac{1}{x}}\leq 2^0 b=b$ から $\displaystyle\lim_{x\to\infty}(a^x+b^x)^{\frac{1}{x}}=b$ となる.

1.2.2 (1) 連続の定義から,任意の実数 a に対して $\displaystyle\lim_{x\to a}x^2=a^2$ を示せばよい.これは,$\displaystyle\lim_{x\to a}|x^2-a^2|=0$ を示すことと同値である.$x\to a$ とするから $|x|<|a|+1$ と仮定してよい.$|x|<|a|+1$ のとき $0\leq|x^2-a^2|=|x-a||x+a|\leq|x-

$a|(|x|+|a|) < |x-a|(2|a|+1)$ だから，はさみうちの原理により $\lim_{x \to a} |x^2 - a^2| = 0$ となる．

(2) (1) と同様でこれは，$\lim_{x \to a} |\sin x - \sin a| = 0$ を示せばよい．

$\sin x - \sin a = 2\cos\dfrac{x+a}{2}\sin\dfrac{x-a}{2}$ （演習問題 2.1.2），$|\cos x| \le 1$ と $|\sin x| \le |x|$（定理 1.6 (1) の証明で部分的に示されている）を用いると，

$$0 \le |\sin x - \sin a| = \left|2\cos\dfrac{x+a}{2}\sin\dfrac{x-a}{2}\right| \le 2\left|\dfrac{x-a}{2}\right|$$

である．$\lim_{x \to a}\dfrac{x-a}{2} = 0$ であるから，はさみうちの原理（定理 1.5）より $\lim_{x \to a}|\sin x - \sin a| = 0$ が示された．

1.2.3 (1) 定数関数 1 と x^2 はともに連続関数で，定理 1.9 (2) より連続関数の和は再び連続関数になるから $1 + x^2$ は連続関数である．$\sin x$ も連続関数で，定理 1.10 より連続関数と連続関数の合成関数は連続関数であるから，$\sin(1+x^2)$ は連続関数である．

(2) $x > 0$ のとき，$\dfrac{|x|}{x} = \dfrac{x}{x} = 1$．$x < 0$ のとき，$\dfrac{|x|}{x} = \dfrac{-x}{x} = -1$．$\lim_{x \to 0+}\dfrac{|x|}{x} = 1 \ne 0$ である．よって，$x = 0$ では不連続で，$x \ne 0$ では連続である．

(3) $n \in \mathbf{Z}$ で，$n \le x < n+1$ に対して，$[x] = n$ である．他方，$\lim_{x \to n-0}[x] = n-1 \ne n$ である．よって，$[x]$ は x が整数のとき不連続で，その他では連続である．

(4) 定理 1.9 と定理 1.10 より，$x \ne 0$ のとき $e^{-\frac{1}{x^2}}$ は連続関数である．$\lim_{x \to 0} e^{-\frac{1}{x^2}} = 0$ であるから，$x = 0$ でも連続である．

第 2 章

2.1 節

2.1.1 (1) 導関数の定義と二項定理（演習問題 1.1.3）より，

$$(x^n)' = \lim_{h \to 0}\dfrac{(x+h)^n - x^n}{h} = \lim_{h \to 0}\dfrac{\sum_{i=0}^{n} {}_nC_i x^i h^{n-i} - x^n}{h}$$
$$= nx^{n-1} + \lim_{h \to 0}\sum_{i=0}^{n-2} {}_nC_i x^i h^{n-i-1} = nx^{n-1}.$$

(2) 導関数の定義より，$\displaystyle\lim_{h\to 0}\frac{\frac{1}{x+h}-\frac{1}{x}}{h}=\lim_{h\to 0}\frac{-1}{x^2+hx}=-\frac{1}{x^2}$.

2.1.2 加法定理は次のようであった.
(i) $\sin(\alpha+\beta)=\sin\alpha\cos\beta+\cos\alpha\sin\beta$.
(ii) $\sin(\alpha-\beta)=\sin\alpha\cos\beta-\cos\alpha\sin\beta$.
(iii) $\cos(\alpha+\beta)=\cos\alpha\cos\beta-\sin\alpha\sin\beta$.
(iv) $\cos(\alpha-\beta)=\cos\alpha\cos\beta+\sin\alpha\sin\beta$.

$\alpha=\dfrac{x+y}{2}$, $\beta=\dfrac{x-y}{2}$ とする．1つ目の関係は (i) + (ii)，2つ目の関係は (i) − (ii)，3つ目の関係は (iii) + (iv)，4つ目の関係は (iii) − (iv) で求まる．

2.1.3 (1) 和積の公式（演習問題 2.1.2）と $\displaystyle\lim_{x\to 0}\frac{\sin x}{x}=1$ （定理 1.6 (1)）より，

$$(\cos x)'=\lim_{h\to 0}\frac{\cos(x+h)-\cos x}{h}=\lim_{h\to 0}\frac{-2\sin\left(\frac{2x+h}{2}\right)\sin\left(\frac{h}{2}\right)}{h}=-\sin x.$$

(2) 加法定理（演習問題 2.1.2 の解答）と $\displaystyle\lim_{x\to 0}\frac{\sin x}{x}=1$ （定理 1.6 (1)）より，

$$(\tan x)'=\lim_{h\to 0}\frac{\tan(x+h)-\tan x}{h}=\lim_{h\to 0}\frac{\frac{\sin(x+h)\cos x-\sin x\cos(x+h)}{\cos(x+h)\cos x}}{h}$$
$$=\lim_{h\to 0}\frac{\sin h}{h\cos(x+h)\cos x}=\frac{1}{\cos^2 x}.$$

2.1.4 定理 2.2 から定理 2.6 を用いて計算する．

(1) $y'=\dfrac{1-x^2}{(x^2+1)^2}$ 　(2) $y'=-\dfrac{e^x-e^{-x}}{(e^x+e^{-x})^2}$ 　(3) $y'=2x\cos(x^2+1)$

(4) $y'=(1-4x)e^{x-2x^2}$ 　(5) $y'=\dfrac{-e^{-x}}{1+e^{-x}}$ 　(6) $y'=\dfrac{\cos x}{\cos^2(\sin x)}$

(7) $y'=\dfrac{200}{x^3}\left(1-\dfrac{1}{x^2}\right)^{99}e^{-x}-\left(1-\dfrac{1}{x^2}\right)^{100}e^{-x}=\left(\dfrac{200}{x^3}+\dfrac{1}{x^2}-1\right)\left(1-\dfrac{1}{x^2}\right)^{99}e^{-x}$

(8) $y'=\dfrac{1}{2}\left(\dfrac{1-\sqrt{x}}{1+\sqrt{x}}\right)^{-\frac{1}{2}}\dfrac{-\frac{1}{2}\frac{1}{\sqrt{x}}(1+\sqrt{x})-(1-\sqrt{x})\frac{1}{2}\frac{1}{\sqrt{x}}}{(1+\sqrt{x})^2}$

$$= \frac{-1}{2\sqrt{x}\,(1-x)\,(1+\sqrt{x})}$$

2.1.5 (2.3) を用いると, $y' = -2xe^{-x^2}$ より, 点 $(1, 1/e)$ における接線の方程式は $y = -2e^{-1}(x-1) + \frac{1}{e} = -\frac{2}{e}x + \frac{3}{e}$.

2.1.6 $\lim_{h \to 0} \frac{|0+h| - |0|}{h}$ が存在しないことを示せばよい.

$$\lim_{h \to +0} \frac{|0+h| - |0|}{h} = \lim_{h \to +0} \frac{h}{h} = 1, \quad \lim_{h \to -0} \frac{|0+h| - |0|}{h} = \lim_{h \to -0} \frac{-h}{h} = -1.$$

よって, $\lim_{h \to +0} \frac{|0+h|-|0|}{h} \neq \lim_{h \to -0} \frac{|0+h|-|0|}{h}$ となり, $\lim_{h \to 0} \frac{|0+h|-|0|}{h}$ は存在しない.

2.2 節

2.2.1 (1) $y = \dfrac{x+1}{x-1}$ (2) $y = e^x$ (3) $y = x^{\frac{1}{3}} + 1$

解答では, $y = y(x)$ の逆関数 $x = x(y)$ において変数 x と y を交換した.

2.2.2 逆関数の導関数の公式 (定理 2.8) を用いて計算する.

(1) $\dfrac{dy}{dx} = \dfrac{1}{\dfrac{dx}{dy}} = \dfrac{1}{\dfrac{1}{2}y} = \dfrac{1}{\sqrt{x - \dfrac{1}{2}}}$ (2) $\dfrac{dy}{dx} = \dfrac{1}{\dfrac{dx}{dy}} = \dfrac{1}{4y^3} = \dfrac{1}{4x^{\frac{3}{4}}}$

2.2.3 (1) $\sin^{-1}\left(\dfrac{1}{2}\right) = \dfrac{\pi}{6}$ (2) $\cos^{-1}\left(\dfrac{\sqrt{2}}{2}\right) = \dfrac{\pi}{4}$

(3) $\sin^{-1}\left(-\dfrac{\sqrt{3}}{2}\right) = -\dfrac{\pi}{3}$ (4) $\cos^{-1}\left(-\dfrac{1}{2}\right) = \dfrac{2}{3}\pi$

(5) $\tan^{-1}\left(\dfrac{\sqrt{3}}{3}\right) = \dfrac{\pi}{6}$ (6) $\tan\left(\sin^{-1}\left(\dfrac{1}{2}\right)\right) = \dfrac{\sqrt{3}}{3}$

2.2.4 $y = \tan x$ とすると, $x = \tan^{-1} y$ である. また, $\sin^2 x + \cos^2 x = 1$ より, $\dfrac{\sin^2 x}{\cos^2 x} + 1 = \dfrac{1}{\cos^2 x} \iff \cos^2 x = \dfrac{1}{1+y^2}$ である. 定理 2.8 より,

$$\frac{d}{dy}\tan^{-1} y = \frac{1}{\dfrac{d}{dx}\tan x} = \cos^2 x = \frac{1}{1+y^2}$$

となる．よって，$(\tan^{-1} x)' = \dfrac{1}{1+x^2}$ が導かれる．

2.2.5 定理 2.9 と合成関数の微分の公式 (定理 2.3) を用いて計算する．

(1) $(\sin^{-1}(1-x^2))' = \dfrac{-2x}{\sqrt{1-(1-x^2)^2}} = \dfrac{-2}{\sqrt{2-x^2}}.$

(2) $\left(\cos^{-1}\left(\dfrac{1}{\sqrt{x}}\right)\right)' = -\dfrac{1}{\sqrt{1-\dfrac{1}{x}}}\left(-\dfrac{1}{2x^{\frac{3}{2}}}\right) = \dfrac{1}{2x\sqrt{x-1}}.$

2.3 節

2.3.1 双曲線関数の定義から計算できる．

(1) $\sinh(2x) = \dfrac{e^{2x}-e^{-2x}}{2} = \dfrac{(e^x-e^{-x})(e^x+e^{-x})}{2} = 2\sinh x \cosh x.$

(2) $\dfrac{\tanh x + \tanh y}{1+\tanh x \tanh y} = \dfrac{\dfrac{e^x-e^{-x}}{e^x+e^{-x}}+\dfrac{e^y-e^{-y}}{e^y+e^{-y}}}{1+\dfrac{e^x-e^{-x}}{e^x+e^{-x}}\dfrac{e^y-e^{-y}}{e^y+e^{-y}}} = \dfrac{e^{x+y}-e^{-(x+y)}}{e^{x+y}+e^{-(x+y)}}$

$$= \tanh(x+y).$$

(別解) 双曲線関数の性質 (定理 2.10) を用いても示すことができる．

$$\tanh(x+y) = \dfrac{\sinh(x+y)}{\cosh(x+y)} = \dfrac{\sinh x \cosh y + \cosh x \sinh y}{\cosh x \cosh y + \sinh x \sinh y}$$

$$= \dfrac{\dfrac{\sinh x}{\cosh x}+\dfrac{\sinh y}{\cosh y}}{1+\dfrac{\sinh x \sinh y}{\cosh x \cosh y}} = \dfrac{\tanh x + \tanh y}{1+\tanh x \tanh y}.$$

(3) $(\tanh x)' = \left(\dfrac{e^x-e^{-x}}{e^x+e^{-x}}\right)' = \dfrac{4}{(e^x+e^{-x})^2} = \dfrac{1}{(\cosh x)^2}.$

(別解) 双曲線関数の性質 (定理 2.10) を用いても示すことができる．

$$(\tanh x)' = \left(\dfrac{\sinh x}{\cosh x}\right)' = \dfrac{(\cosh x)^2 - (\sinh x)^2}{(\cosh x)^2} = \dfrac{1}{(\cosh x)^2}.$$

2.3.2 定理 2.10 (3) を用いると，

$$y' = \dfrac{(\cosh x)' \sinh x - \cosh x (\sinh x)'}{(\sinh x)^2} = \dfrac{(\sinh x)^2 - (\cosh x)^2}{(\sinh x)^2} = -\dfrac{1}{(\sinh x)^2}.$$

2.3.3 $(x, y) = \left(-\dfrac{1}{2}, -\dfrac{\sqrt{3}}{2}\right).$

2.3.4 定理 2.11 を用いて計算する．

(1) $\dfrac{dy}{dx} = \dfrac{3 - \dfrac{2}{t^2}}{2t}$ (2) $\dfrac{dy}{dx} = \dfrac{3\sin^2 t \cos t}{3\cos^2 t\,(-\sin t)}$ (3) $\dfrac{dy}{dx} = \dfrac{-2te^{-t^2}}{e^t}$

2.4 節

2.4.1 定理 2.15 を用いて関数の増減を考える．

(1) $y' = 3x^2 - 6x + 3 = 3(x-1)^2$ で，$y' = 0$ となるのは $x = 1$ のときだけである．$x \neq 1$ で，$y' > 0$ であるから，$y = x^3 - 3x^2 + 3x$ は $x \neq 1$ で単調増加である．よって，$y = x^3 - 3x^2 + 3x$ は極値を持たない．

(2) $y' = \dfrac{3x^2 + 2 - 6x^2}{(3x^2+2)^2} = \dfrac{-3x^2 + 2}{(3x^2+2)^2}$ で，$y' = 0$ となるのは，$x = \pm\dfrac{\sqrt{6}}{3}$ のときである．

$y = \dfrac{x}{3x^2+2}$ は $x < -\dfrac{\sqrt{6}}{3}$ で $y' < 0$ となり単調減少，$-\dfrac{\sqrt{6}}{3} < x < \dfrac{\sqrt{6}}{3}$ で $y' > 0$ となり単調増加，$\dfrac{\sqrt{6}}{3} < x$ で $y' < 0$ となり単調減少する．よって，$y = \dfrac{x}{3x^2+2}$ は $x = -\dfrac{\sqrt{6}}{3}$ で極小値 $-\dfrac{\sqrt{6}}{12}$ をとり，$x = \dfrac{\sqrt{6}}{3}$ で極大値 $\dfrac{\sqrt{6}}{12}$ をとる．

(3) $y' = \sqrt{2} - 2\cos 2x$ で，$y' = 0$ となるのは，$x = \dfrac{\pi}{8} + n\pi, \dfrac{7\pi}{8} + n\pi$ のときである．

$y = \sqrt{2}x - \sin 2x$ は，$-\dfrac{\pi}{8} + n\pi < x < \dfrac{\pi}{8} + n\pi$ で，$y' < 0$ となり単調減少，$\dfrac{\pi}{8} + n\pi < x < \dfrac{7\pi}{8} + n\pi$ で，$y' > 0$ となり単調増加する．よって，$y = \sqrt{2}x - \sin 2x$ は $x = \dfrac{\pi}{8} + n\pi$ で極小値 $\dfrac{\sqrt{2}\pi}{8} + \sqrt{2}\pi n - \dfrac{\sqrt{2}}{2}$ をとり，$x = \dfrac{7\pi}{8} + n\pi$ で極大値 $\dfrac{7\sqrt{2}\pi}{8} + \sqrt{2}\pi n + \dfrac{\sqrt{2}}{2}$ をとる．

(4) $y' = -2xe^{-x^2}$ であるから，$y' = 0$ となるのは $x = 0$ のときだけである．$y = e^{-x^2}$ は，$x < 0$ で $y' > 0$ となり単調増加，$0 < x$ で $y' < 0$ となり単調減少する．よって，$y = e^{-x^2}$ は $x = 0$ で極大値 1 をとる．

2.4.2 (1) $\displaystyle\lim_{x \to 0} \dfrac{x - \tan^{-1} x}{x^3}$ は $\dfrac{0}{0}$ 型の不定形である．ロピタルの定理（定理 2.17）を用いると，

$$\lim_{x \to 0} \frac{x - \tan^{-1} x}{x^3} = \lim_{x \to 0} \frac{1 - \dfrac{1}{1 + x^2}}{3x^2} = \lim_{x \to 0} \frac{1}{3(1 + x^2)} = \frac{1}{3}.$$

(2) $\lim_{x \to \infty} \dfrac{(\log x)^2}{x}$ および $\lim_{x \to \infty} \dfrac{\log x}{x}$ は $\dfrac{\infty}{\infty}$ 型の不定形である．ロピタルの定理 (定理 2.17) を 2 回用いると，

$$\lim_{x \to \infty} \frac{(\log x)^2}{x} = \lim_{x \to \infty} \frac{2 \log x}{x} = \lim_{x \to \infty} \frac{2}{x} = 0.$$

2.4.3 (1) $\dfrac{0}{0}$ 型の不定形であるから，ロピタルの定理 (定理 2.17) を用いると，

$$\lim_{x \to 1} \frac{\log x}{1 - x} = \lim_{x \to 1} \frac{1}{-x} = -1.$$

(2) $y = \exp(\log y) = \exp\left(\log x^{\frac{1}{1-x}}\right) = \exp\left(\dfrac{\log x}{1 - x}\right).$

(3) $\lim_{x \to 1} x^{\frac{1}{1-x}} = \lim_{x \to 1} y = \lim_{x \to 1} \exp\left(\dfrac{\log x}{1 - x}\right) = \exp(-1).$

2.5 節

2.5.1 (1) $y' = 3x^2 - 6x + 3, \ y'' = 6x - 6, \ y''' = 6, \ n \geq 4$ のとき $y^{(n)} = 0$.

(2) $y' = 2x - 2\cos 2x, \ y'' = 2 + 4 \sin 2x, \ y''' = 8 \cos 2x = 2^3 \sin\left(2x + \dfrac{\pi}{2}\right)$, $n \geq 3$ のとき，$y^{(n)} = 2^n \sin\left(2x + \dfrac{(n-2)\pi}{2}\right).$

(3) $y' = 3x^2 e^x + x^3 e^x, \quad y'' = 6x e^x + 6x^2 e^x + x^3 e^x, \quad y''' = 6e^x + 18x e^x + 9x^2 e^x + x^3 e^x, \quad y^{(4)} = 24 e^x + 36 x e^x + 12 x^2 e^x + x^3 e^x, \ \cdots, \ y^{(n)} = n(n-1)(n-2) e^x + 3n(n-1) x e^x + 3n x^2 e^x + x^3 e^x.$

(4) $y' = 2x \sin x + x^2 \cos x, \quad y'' = 2 \sin x + 4x \cos x - x^2 \sin x, \ \cdots,$ $n \geq 2$ のとき，$y^{(n)} = n(n-1) \sin\left(x + \dfrac{(n-2)\pi}{2}\right) + 2nx \sin\left(x + \dfrac{(n-1)\pi}{2}\right) + x^2 \sin\left(x + \dfrac{n\pi}{2}\right).$

2.5.2 (1) $y' = \dfrac{1}{(1-x)^2}, \ y'' = \dfrac{2}{(1-x)^3}, \ \cdots, \ y^{(n)} = \dfrac{n!}{(1-x)^{n+1}}.$ よって，

$$\frac{1}{1-x} = 1 + x + \frac{2}{2!}x^2 + \frac{3!}{3!}x^3 + \cdots + \frac{(n-1)!}{(n-1)!}x^{n-1} + \frac{\frac{n!}{(1-\theta x)^{n+1}}}{n!}x^n$$
$$= 1 + x + x^2 + \cdots + x^{n-1} + \frac{1}{(1-\theta x)^{n+1}}x^n.$$

ただし，$\theta \in (0,1)$.

(2)　$y' = \dfrac{-1}{1-x}$, $y'' = \dfrac{-1}{(1-x)^2}$, $\cdots$, $y^{(n)} = -\dfrac{(n-1)!}{(1-x)^n}$. よって，

$$\log(1-x) = -x - \frac{1}{2}x^2 - \cdots - \frac{(n-2)!}{(n-1)!}x^{n-1} - \frac{\frac{(n-1)!}{(1-\theta x)^n}}{n!}x^n$$
$$= -x - \frac{1}{2}x^2 - \cdots - \frac{1}{n-1}x^{n-1} - \frac{1}{n(1-\theta x)^n}x^n.$$

ただし，$\theta \in (0,1)$.

(3)　$y' = -\sin x$, $y'' = -\cos x$, $\cdots$, $y^{(n)} = \cos\left(x + \dfrac{n\pi}{2}\right)$. よって，

$$\cos x = 1 - \frac{1}{2!}x^2 + \frac{1}{4!}x^4 + \cdots + (-1)^n \frac{1}{(2n)!}x^{2n}$$
$$+ (-1)^{n+1} \frac{\cos(\theta x + (n+1)\pi)}{(2n+2)!}x^{2(n+1)}.$$

ただし，$\theta \in (0,1)$.

(4)　$y' = \dfrac{1}{2}(1+x)^{-\frac{1}{2}}$, $y'' = -\dfrac{1}{4}(1+x)^{-\frac{3}{2}}$, $y''' = \dfrac{3}{8}(1+x)^{-\frac{5}{2}}$, $\cdots$, で，一般に $y^{(k)}(x) = (-1)^k \dfrac{(-1) \cdot 1 \cdot 3 \cdot \cdots \cdot (2k-3)}{2^k}(1+x)^{-\frac{2k-1}{2}}$ である．分母および分子に $2 \cdot 4 \cdot \cdots \cdot (2k-2) = 2^{k-1}(k-1)!$ をかけると $y^{(k)} = (-1)^{k+1}\dfrac{(2k-2)!}{2^{2k-1}(k-1)!}(1+x)^{-\frac{2k-1}{2}}$ となり $\dfrac{1}{k!}y^{(k)} = (-1)^{k+1}\dfrac{k(2k-2)!}{2^{2k-1}(k!)^2}(1+x)^{-\frac{2k-1}{2}}$ となる．よって，

$$\sqrt{1+x} = 1 + \frac{1}{2}x - \frac{1}{8}x^2 + \cdots + (-1)^n \frac{(n-1)(2n-4)!}{2^{2n-3}((n-1)!)^2}x^{n-1}$$
$$+ (-1)^{n+1}\frac{n(2n-2)!}{2^{2n-1}(n!)^2}(1+\theta x)^{-\frac{2n-1}{2}}x^n.$$

ただし，$\theta \in (0, 1)$.

2.5.3 $\dfrac{dy}{dx} = \dfrac{\sin t}{1 - \cos t}$ で，

$$\frac{d^2y}{dx^2} = \frac{\dfrac{d}{dt}\dfrac{dy}{dx}}{\dfrac{dx}{dt}} = \frac{\dfrac{\cos t(1 - \cos t) - \sin^2 t}{(1 - \cos t)^2}}{1 - \cos t} = \frac{\cos t - 1}{(1 - \cos t)^3} = \frac{-1}{(1 - \cos t)^2}.$$

2.6 節

2.6.1 定理 2.21 で与えられている式を計算する.

(1) $(e^{1+x})^{(n)} = e^{1+x}$ であるから，

$$e^{1+x} = e + ex + \frac{e}{2}x^2 + \frac{e}{6}x^3 + \cdots + \frac{e}{n!}x^n + \cdots.$$

(2) $(\sinh x)^{(2n)} = \sinh x$, $(\sinh x)^{(2n+1)} = \cosh x$ であり，$\sinh 0 = 0$, $\cosh 0 = 1$ であるから，$\sinh x = x + \dfrac{1}{3!}x^3 + \cdots + \dfrac{1}{(2n+1)!}x^{2n+1} + \cdots$.

(3) $\left(\dfrac{1}{1 - 2x}\right)' = \dfrac{2}{(1 - 2x)^2}$, $\left(\dfrac{1}{1 - 2x}\right)'' = \dfrac{2^2 \cdot 2}{(1 - 2x)^3}$, $\cdots$, $\left(\dfrac{1}{1 - 2x}\right)^{(n)} = \dfrac{2^n \cdot n!}{(1 - 2x)^{n+1}}$ であるから，

$$\frac{1}{1 - 2x} = 1 + 2x + 2^2 x^2 + \cdots + 2^n x^n + \cdots.$$

(4) $(\log(1 - x))' = \dfrac{-1}{1 - x}$, $(\log(1 - x))'' = \dfrac{-1}{(1 - x)^2}$, $\cdots$, $(\log(1 - x))^{(n)} = -\dfrac{(n-1)!}{(1-x)^n}$ であるから，

$$\log(1 - x) = -x - \frac{1}{2}x^2 - \cdots - \frac{1}{n}x^n - \cdots.$$

(5) 例 2.11 (4) より，

$$\log(1 + x) = x - \frac{1}{2}x^2 + \cdots + \frac{(-1)^n}{n-1}x^{n-1} + \frac{(-1)^{n+1}}{n}x^n + \cdots$$

であるから，

$$\log\frac{1 + x}{1 - x} = 2x + \frac{2}{3}x^3 + \cdots + \frac{2}{2n + 1}x^{2n+1} + \cdots.$$

2.6.2 $n = 4$ としてマクローリンの定理 (2.19) を用いると，

$$\left|\cos x - \left(1 - \frac{x^2}{2}\right)\right| = \left|\frac{\cos\theta x}{4!}\right||x^4| \leq \frac{0.5^4}{24} < 0.003.$$

2.6.3 オイラーの公式 (定理 2.23) から,$e^{3xi} = \cos(3x) + i\sin(3x)$ となる.一方,

$$(e^{xi})^3 = (\cos x + i\sin x)^3 = \cos^3 x + 3i\sin x\cos^2 x - 3\sin^2 x\cos x - i\sin^3 x$$
$$= 4\cos^3 x - 3\cos x + i(3\sin x - 4\sin^3 x)$$

となり,実部と虚部を比較すると 3 倍角の公式

$$\cos(3x) = 4\cos^3 x - 3\cos x, \quad \sin(3x) = 3\sin x - 4\sin^3 x$$

が導かれる.

2.6.4 オイラーの公式 (定理 2.23) から,

$$\frac{e^{ix} + e^{-ix}}{2} = \frac{\cos x + i\sin x + \cos(-x) + i\sin(-x)}{2}$$
$$= \frac{\cos x + i\sin x + \cos x - i\sin x}{2}$$
$$= \cos x,$$
$$\frac{e^{ix} - e^{-ix}}{2i} = \frac{\cos x + i\sin x - (\cos(-x) + i\sin(-x))}{2i}$$
$$= \frac{\cos x + i\sin x - \cos x + i\sin x}{2i}$$
$$= \sin x$$

となる.

2.7 節

2.7.1 定理 2.26 からグラフの凹凸がわかる.

(1) すべての x に対して,$(e^x)'' = e^x > 0$ であるから,$y = e^x$ は常に下に凸である.

(2) $(\cos x)'' = -\cos x$ であるから,$\frac{\pi}{2} + 2n\pi < x < \frac{3\pi}{2} + 2n\pi$ $(n \in \boldsymbol{N})$ のとき,$y = \cos x$ は下に凸になる.

2.7.2 定理 2.15 によって $f'(x)$ の符号と増減,定理 2.26 によって $f''(x)$ の符号と凹凸の関係を調べて増減表を書く.

(1) $f'(x) = 4x^3 - 12x + 8 = 4(x-1)^2(x+2)$, $f''(x) = 12x^2 - 12 = 12(x-1)(x+1)$.増減表は次の表 A のようになる.

表 A

x	$(-\infty)$	$\cdots$	-3	$\cdots$	-2	$\cdots$	-1	$\cdots$	1	$\cdots$	(∞)
f''		$+$	$+$	$+$	$+$	$+$	0	$-$	0	$+$	
f'		$-$	$-$	$-$	0	$+$	$+$	$+$	0	$+$	
f	$(+\infty)$	↘	0	↘	-27	↗	-16	↗	0	↗	$(+\infty)$

$f(x)$ は $x=-2$ で極小値をとる．$x=1$ の前後では f' の符号が変化しないから $x=1$ では極値をとらない．変曲点は $(-1,-16)$ および $(1,0)$ である．グラフは図 A のようになる．

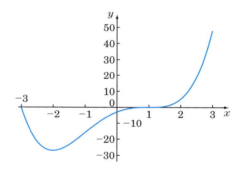

図 A 2.7.2 (1) のグラフ

(2)　$f'(x) = \dfrac{-2x}{(1+x^2)^2}$, $f''(x) = \dfrac{6x^2-2}{(1+x^2)^3}$．増減表は次の表 B のようになる．

表 B

x	$(-\infty)$	$\cdots$	$-\dfrac{\sqrt{3}}{3}$	$\cdots$	0	$\cdots$	$\dfrac{\sqrt{3}}{3}$	$\cdots$	(∞)
f''		$+$	0	$-$	$-$	$-$	0	$+$	
f'		$+$	$+$	$+$	0	$-$	$-$	$-$	
f	(0)	↗	$\dfrac{3}{4}$	↗	1	↘	$\dfrac{3}{4}$	↘	(0)

$f(x)$ は $x=0$ において極大値をとる．変曲点は $\left(\pm\dfrac{\sqrt{3}}{3}, \dfrac{3}{4}\right)$ である．また，グラフは図 B のようになる．

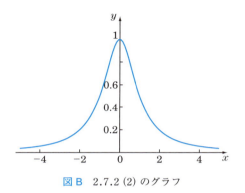

図 B　2.7.2 (2) のグラフ

(3)　$f'(x) = e^x \sin x + e^x \cos x$, $f''(x) = 2e^x \cos x$．増減表は次の表 C のようになる．

表 C

x	0	$\cdots$	$\dfrac{\pi}{2}$	$\cdots$	$\dfrac{3\pi}{4}$	$\cdots$	$\dfrac{3\pi}{2}$	$\cdots$	$\dfrac{7\pi}{4}$	$\cdots$	2π
f''	$+$	$+$	0	$-$	$-$	$-$	0	$+$	$+$	$+$	$+$
f'	$+$	$+$	$+$	$+$	0	$-$	$-$	$-$	0	$+$	$+$
f	0	↗	$e^{\pi/2}$	↗	$\dfrac{e^{3\pi/4}}{\sqrt{2}}$	↘	$-e^{3\pi/2}$	↘	$-\dfrac{e^{7\pi/4}}{\sqrt{2}}$	↗	0

$f(x)$ は $x=\dfrac{3}{4}\pi$ において極大値，$x=\dfrac{7}{4}\pi$ において極小値をとる．変曲点は $\left(\dfrac{\pi}{2}, e^{\pi/2}\right)$, $\left(\dfrac{3\pi}{2}, -e^{3\pi/2}\right)$ である．グラフは図 C のようになる．

(4)　$f'(x) = \dfrac{\log x}{x^2}(2 - \log x)$, $f''(x) = \dfrac{2}{x^3}(1 - 3\log x + (\log x)^2)$．増減表は次の表 D のようになる．

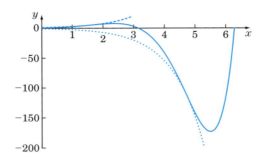

図 C　2.7.2 (3) のグラフ．実線は $y = e^x \sin x$，破線は $y = e^x$，点線は $y = -e^x$ のグラフ

表 D

x	(0)	$\cdots$	1	$\cdots$	$e^{(3-\sqrt{5})/2}$	$\cdots$	e^2	$\cdots$	$e^{(3+\sqrt{5})/2}$	$\cdots$	$(+\infty)$
f''		+	+	+	0	−	−	−	0	+	
f'		−	0	+	+	+	0	−	−	−	
f	$(+\infty)$	↘	0	↗	$\dfrac{(3-\sqrt{5})^2}{4e^{(3-\sqrt{5})/2}}$	↗	$\dfrac{4}{e^2}$	↘	$\dfrac{(3+\sqrt{5})^2}{4e^{(3+\sqrt{5})/2}}$	↘	(0)

$f(x)$ は $x=1$ において極小値，$x=e^2$ において極大値をとる．$\left(e^{(3\pm\sqrt{5})/2}, \dfrac{(3\pm\sqrt{5})^2}{4e^{(3\pm\sqrt{5})/2}}\right)$ は $f(x)$ の変曲点である．グラフは図 D のようになる．

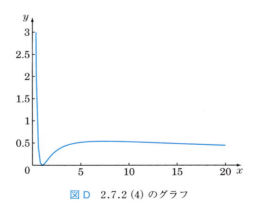

図 D　2.7.2 (4) のグラフ

第 3 章

3.1 節

3.1.1 右辺を微分して被積分関数になることを確かめればよい．
$$\left\{\frac{1}{\alpha+1}x^{\alpha+1}\right\}' = x^\alpha$$
など．

3.1.2 (1) $\frac{1}{3}x^3 + x$ (2) $\frac{2}{3}x^{\frac{3}{2}} + 2x^{\frac{1}{2}}$ (3) $\frac{1}{5}(2x+1)^{\frac{5}{2}}$

(4) $\sin(x+3)$ (5) $\cos^2 x = \frac{1}{2}(\cos 2x + 1)$ より，$\frac{1}{4}\sin 2x + \frac{1}{2}x$

(6) $\tan(x+2)$ (7) $\frac{1}{2}e^{2x-1}$ (8) $\int \log|x|\,dx + \int \log|2x-1|\,dx$ として各項を部分積分して，$x\log|x| + \left(x - \frac{1}{2}\right)\log|2x-1| - 2x + \frac{1}{2}$

(9) $\frac{3}{5}x^5 - \sin x$ (10) $2^{2-x} = e^{(2-x)\log 2}$ より $-\frac{2^{2-x}}{\log 2}$

3.1.3 置換積分法（定理 3.3）を用いる．

(1) $t = x^3 + 1$ とおいて置換積分．$\frac{1}{3}\log|x^3+1|$．

(2) $t = -x^2$ とおいて置換積分．$-\frac{1}{3}(1-x^2)^{\frac{3}{2}}$．

(3) $t = e^x$ とおいて置換積分．$\tan^{-1} e^x$．

(4) $t = \sin x$ とおいて置換積分．$\log|\sin x|$．

(5) $t = \cos x$ とおいて置換積分．$-\frac{1}{4}\cos^4 x$．

(6) $t = \log|x|$ とおいて置換積分．$\frac{1}{2}(\log|x|)^2$．

3.1.4 部分積分法（定理 3.4）を用いる．

(1) 与式 $= \frac{1}{2}x^2 \log x - \int \frac{1}{2}x^2 \cdot \frac{1}{x}\,dx = \frac{1}{2}x^2 \log x - \frac{1}{4}x^2$．

(2) $(x^2 - 2x + 2)e^x$．

(3) $x \sin x + \cos x$．

(4) $I = \int e^x \sin x\,dx$ とおき部分積分．$I = e^x \sin x - \int e^x \cos x\,dx = e^x \sin x - e^x \cos x$

$-I$ から I を求める. $\dfrac{1}{2}e^x(\sin x - \cos x)$.

3.2 節

3.2.1 (1) 両辺に x^2+x-2 をかけて，$2x+7 = a(x-1) + b(x+2)$. $x=-2$ とおいて $a=-1$. $x=1$ とおいて $b=3$.

(2) 両辺に $(x-1)(x^2+1)$ をかけて，多項式の係数を比較する．$a=\dfrac{1}{2}$, $b=-\dfrac{1}{2}$, $c=-\dfrac{1}{2}$.

(3) 両辺に $x(x^2-1)$ をかけて，多項式の係数を比較する．$a=-4$, $b=6$, $c=3$.

(4) 両辺に $(x^2-1)^2$ をかけて，$1 = a(x-1)(x+1)^2 + b(x+1)^2 + c(x-1)^2(x+1) + d(x-1)^2$. $x=1$ とおいて $b=\dfrac{1}{4}$. $x=-1$ とおいて $d=\dfrac{1}{4}$. 両辺を微分して $x=1$ とおいて，$4a+4b=0$ より $a=-\dfrac{1}{4}$. 同様に $c=\dfrac{1}{4}$.

3.2.2 演習問題 3.2.1 の部分分数分解を用いる．

(1) $\log\dfrac{|x-1|^3}{|x+2|}$ 　　(2) $\dfrac{1}{4}\log\dfrac{(x-1)^2}{x^2+1} - \dfrac{1}{2}\tan^{-1} x$

(3) $\log\dfrac{(x-1)^6|x+1|^3}{x^4}$ 　　(4) $\dfrac{1}{4}\left\{\log\left|\dfrac{x+1}{x-1}\right| - \dfrac{1}{x-1} - \dfrac{1}{x+1}\right\}$

3.2.3 $t=\sqrt{x+1}$ とおけば，$x=t^2-1$, $dx=2t\,dt$.
$$\int \dfrac{\sqrt{x+1}}{x+2}\,dx = \int \dfrac{2t^2\,dt}{t^2+1} = 2t - 2\tan^{-1} t = 2\sqrt{x+1} - 2\tan^{-1}\sqrt{x+1}.$$

3.3 節

3.3.1 (1) 与式 $= \left[\dfrac{1}{4}x^4 + \dfrac{2}{3}x^{\frac{3}{2}}\right]_0^1 = \dfrac{11}{12}$

(2) 与式 $= \left[\dfrac{1}{2}\log|x^2-4|\right]_0^1 = \dfrac{\log 3}{2} - \log 2$

(3) 与式 $= \left[\dfrac{2}{5}x^{\frac{5}{2}}\right]_0^1 = \dfrac{2}{5}$ 　　(4) 与式 $= \left[\sin x\right]_{\frac{\pi}{4}}^{\frac{\pi}{3}} = \dfrac{\sqrt{3}-\sqrt{2}}{2}$

(5) 与式 $= \left[e^{x^2}\right]_0^1 = e-1$

(6) 定理 3.11 を用いる．$t = \sin x$ とおくと，$dt = \cos x\, dx$ であり，t が $0 \to \dfrac{\pi}{2}$ と動くとき，x は $0 \to 1$ と動くから，与式 $= \displaystyle\int_0^1 \dfrac{dt}{1+t^2} = \left[\tan^{-1} t\right]_0^1 = \dfrac{\pi}{4}$

3.3.2 (3.11) を用いて計算する．

(1) 与式 $= \displaystyle\lim_{n\to\infty} \dfrac{1}{n}\left\{\dfrac{1}{n} + \dfrac{2}{n} + \cdots + \dfrac{n-1}{n}\right\} = \int_0^1 x\, dx = \dfrac{1}{2}$.

(2) 与式 $= \displaystyle\int_0^1 \sqrt{1+x}\, dx = \dfrac{2}{3}(2\sqrt{2} - 1)$.

3.3.3 $a \leq c \leq b$ のときは定理 3.7 で示した．$a < b < c$ のときは，
$$\int_a^c f(x)\, dx = \int_a^b f(x)\, dx + \int_b^c f(x)\, dx$$

および

$$\int_c^b f(x)\, dx = -\int_b^c f(x)\, dx$$

からわかる．他も同様である．

3.3.4 $\displaystyle\int f(t)\, dt = F(x)$ とおく．

(1) $\displaystyle\int_0^{x^2} f(t)\, dt = F(x^2) - F(0)$ より，
$$\dfrac{d}{dx}\int_0^{x^2} f(t)\, dt = \dfrac{d}{dx}\{F(x^2) - F(0)\} = 2xF'(x^2) = 2xf(x^2).$$

(2) $\dfrac{d}{dx}\displaystyle\int_{x^2}^{x^3} f(t)\, dt = \dfrac{d}{dx}\{F(x^3) - F(x^2)\} = 3x^2 f(x^3) - 2x f(x^2)$.

3.4 節

3.4.1 三角関数の加法公式 $\sin(\alpha + \beta) = \sin\alpha\cos\beta + \cos\alpha\sin\beta$, $\cos(\alpha + \beta) = \cos\alpha\cos\beta - \sin\alpha\sin\beta$ および $\sin(\alpha - \beta) = \sin\alpha\cos\beta - \cos\alpha\sin\beta$, $\cos(\alpha - \beta) = \cos\alpha\cos\beta + \sin\alpha\sin\beta$ から求まる．

3.4.2 演習問題 3.4.1 と部分積分法を用いる．
(1) 0　　(2) $m \neq n$ のとき 0, $m = n$ のとき π　　(3) $m \neq n$ のとき 0, $m = n$ のとき π

3.4.3 置換積分法を用いる．

(1)　$t = \tan\dfrac{x}{2}$ とおくと，$\cos x = \dfrac{1-t^2}{1+t^2}$, $dx = \dfrac{2\,dt}{1+t^2}$.

$$\text{与式} = \int \dfrac{2\,dt}{t^2+3} = \dfrac{2}{\sqrt{3}}\tan^{-1}\left(\sqrt{\dfrac{1}{3}}\tan\dfrac{x}{2}\right).$$

(2)　$t = \tan\dfrac{x}{2}$ とおくと，$\sin x = \dfrac{2t}{1+t^2}$, $\cos x = \dfrac{1-t^2}{1+t^2}$, $dx = \dfrac{2\,dt}{1+t^2}$.

$$\text{与式} = \int \dfrac{dt}{t^2+t} = \int\left\{\dfrac{1}{t} - \dfrac{1}{t+1}\right\}dt = \log\left|\dfrac{t}{t+1}\right| = \log\left|\dfrac{\sin\dfrac{x}{2}}{\sin\dfrac{x}{2} + \cos\dfrac{x}{2}}\right|.$$

(3)　$t = \tan\dfrac{x}{2}$ とおくと，$\sin x = \dfrac{2t}{1+t^2}$, $dx = \dfrac{2\,dt}{1+t^2}$.

$$\text{与式} = \int\left(1 - \dfrac{1}{\sin x + 1}\right)dx = x - 2\int\dfrac{dt}{(1+t)^2} = x + \dfrac{2}{1+t}$$

$$= x + \dfrac{2\cos\dfrac{x}{2}}{\sin\dfrac{x}{2} + \cos\dfrac{x}{2}}.$$

(4)　$t = \cos x$ とおくと，$-\sin x\,dx = dt$.

$$\text{与式} = \int\dfrac{(1-\cos^2 x)\sin x}{\cos^3 x}\,dx = \int\dfrac{t^2-1}{t^3}\,dt = \log|\cos x| + \dfrac{1}{2\cos^2 x}.$$

3.4.4　部分積分法を用いると，

$$I_{m,n} = \int \sin x(\sin^{m-1} x \cos^n x)\,dx$$

$$= -\cos x(\sin^{m-1} x \cos^n x)$$
$$\quad + \int \cos x\{(m-1)\sin^{m-2} x \cos^{n+1} x - n\sin^{m-1} x \cos^{n-1} x \sin x\}\,dx$$

$$= -\sin^{m-1} x \cos^{n+1} x$$
$$\quad + (m-1)\int \sin^{m-2} x \cos^{n+2} x\,dx - n\int \sin^m x \cos^n x\,dx$$

$$= -\sin^{m-1} x \cos^{n+1} x$$
$$\quad + (m-1)\int \sin^{m-2} x \cos^n x\,(1 - \sin^2 x)\,dx - n\int \sin^m x \cos^n x\,dx$$

$$= -\sin^{m-1} x \cos^{n+1} x + (m-1)I_{m-2,n} - (m-1)I_{m,n} - nI_{m,n}$$

この式を整理して結果を得る．

3.5節

3.5.1 (1) 与式 $= \left[\dfrac{3}{2}x^{\frac{2}{3}}\right]_0^1 = \dfrac{3}{2}$.

(2) $x = \sin t \ (-\pi/2 \leq t \leq \pi/2)$ とおけば, $dx = \cos t\, dt$ であり, x が $-1 \to 1$ と動くとき t は $-\dfrac{\pi}{2} \to \dfrac{\pi}{2}$ と動く. 与式 $= \displaystyle\int_{-\frac{\pi}{2}}^{\frac{\pi}{2}} \sin^2 t\, dt = \dfrac{\pi}{2}$.

(3) 部分積分法を用いる. $\displaystyle\lim_{x \to +0} x^2 \log x = 0$ より, 与式 $= \left[\dfrac{1}{2}x^2 \log x\right]_0^1 - \displaystyle\int_0^1 \dfrac{1}{2}x^2 \cdot \dfrac{1}{x} dx = -\dfrac{1}{4}$.

(4) 与式 $= \left[-e^{-x}\right]_0^\infty = 1$.

(5) 部分積分法を用いる. 与式 $= \left[-x^2 e^{-x}\right]_0^\infty + \displaystyle\int_0^\infty 2xe^{-x} dx = \left[-2xe^{-x}\right]_0^\infty + \displaystyle\int_0^\infty 2e^{-x} dx = 2$.

(6) $\dfrac{x}{1+x^4} = \dfrac{1}{2\sqrt{2}} \left\{\dfrac{1}{x^2 - \sqrt{2}x + 1} - \dfrac{1}{x^2 + \sqrt{2}x + 1}\right\}$ より,

$$\text{与式} = \dfrac{1}{2\sqrt{2}} \int_0^\infty \left\{\dfrac{1}{\left(x - \dfrac{1}{\sqrt{2}}\right)^2 + \dfrac{1}{2}} - \dfrac{1}{\left(x + \dfrac{1}{\sqrt{2}}\right)^2 + \dfrac{1}{2}}\right\} dx$$

$$= \dfrac{1}{2}\left[\tan^{-1}(\sqrt{2}x - 1) - \tan^{-1}(\sqrt{2}x + 1)\right]_0^\infty$$

$$= \dfrac{1}{2}\left\{\dfrac{\pi}{2} - \left(-\dfrac{\pi}{4}\right) - \dfrac{\pi}{2} + \dfrac{\pi}{4}\right\} = \dfrac{\pi}{4}.$$

3.5.2 (1) 与式 $= \left[\dfrac{1}{1-a} x^{-a+1}\right]_0^1$. これが有限の値になるために $a < 1$.

(2) 与式 $= \left[\dfrac{1}{1-a} x^{-a+1}\right]_1^\infty$. これが有限の値になるために $a > 1$.

3.5.3 部分積分法を用いて

$$\Gamma(s) = \int_0^\infty x^{s-1} e^{-x} dx = \left[-x^{s-1} e^{-x}\right]_0^\infty + (s-1) \int_0^\infty x^{s-2} e^{-x} dx$$

$$= (s-1) \int_0^\infty x^{s-2} e^{-x} dx = (s-1)\, \Gamma(s-1).$$

第4章

4.1 節

4.1.1 (1) 0.

(2) $x = r\cos\theta$, $y = r\sin\theta$ とおくと, $(x, y) \to (0, 0)$ は $r \to 0$ と同値である. よって,
$$\lim_{(x,y)\to(0,0)} \frac{x^3 + y^3}{x^2 + y^2} = \lim_{r\to 0} \frac{r^3(\cos^3\theta + \sin^3\theta)}{r^2} = \lim_{r\to 0} r(\cos^3\theta + \sin^3\theta) = 0.$$

(3) $x = r\cos\theta + 1$, $y = r\sin\theta - 2$ とおくと, $(x, y) \to (1, -2)$ は $r \to 0$ と同値である. よって,
$$\lim_{(x,y)\to(1,-2)} \frac{(x-1)^3 + (y+2)^3}{x^2 - 2x + y^2 + 4y + 5} = \lim_{(x,y)\to(1,-2)} \frac{(x-1)^3 + (y+2)^3}{(x-1)^2 + (y+2)^2}$$
$$= \lim_{r\to 0} \frac{r^3(\cos^3\theta + \sin^3\theta)}{r^2}$$
$$= \lim_{r\to 0} r(\cos^3\theta + \sin^3\theta)$$
$$= 0.$$

4.1.2 (1) 図 E のようになる　　(2) 図 F のようになる　　(3) 図 G のようになる

4.1.3 (1) 平面の方程式を $ax + by + cz = d$ とする. 点 $(1, 0, 0)$ を通るから $a = d$, 点 $(0, 2, 0)$ を通るから $2b = d$, 点 $(0, 0, 3)$ を通るから $3c = d$ となる. よって $x + y/2 + z/3 = 1$.

(2) $1 \cdot (x - 1) + 2 \cdot (y - 1) + 3 \cdot (z - 1) = 0$ より $x + 2y + 3z = 6$.

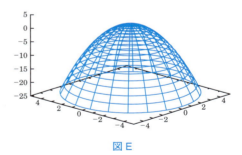

図 E

4.1.4 問題の平面を π とする. 平面 π の単位法線ベクトルを (a, b, c) (つまり, $a^2 + b^2 + c^2 = 1$ をみたす法線ベクトル) とすると, 原点から平面 π に下した垂線の足の座標は, 原点から平面 π までの距離が 2 であるから $(2a, 2b, 2c)$ と表せる. ただし, 法線ベクトルの向きは原点から平面 π に下した垂線の足が $(2a, 2b, 2c)$ と

表せる向きとする.

平面 π 上の点を (x, y, z) とすると,平面 π 上のベクトル $(x - 2a, y - 2b, z - 2c)$ と単位法線ベクトル (a, b, c) は直交するため,

$$a(x - 2a) + b(y - 2b) + c(z - 2c) = 0$$
$$\iff ax + by + cz = 2$$

となり,平面 π の方程式が求まる(図 H).

π が,点 $(2, 0, 2)$ と $(5, 3, 2)$ を通ることから,$2a + 2c = 2$, $5a + 3b + 2c = 2$ が成り立ち $a = -c + 1$, $b = c - 1$ である. $a^2 + b^2 + c^2 = (-c + 1)^2 + (1 - c)^2 + c^2 = 3c^2 - 4c + 2 = 1$ より $c = 1, \dfrac{1}{3}$ である.

$c = 1$ のとき $a = b = 0$ となり π の方程式は $z = 2$ である.

$c = \dfrac{1}{3}$ のとき $a = \dfrac{2}{3}$, $b = \dfrac{-2}{3}$, $c = \dfrac{1}{3}$ となり π の方程式は $2x - 2y + z = 6$ である.

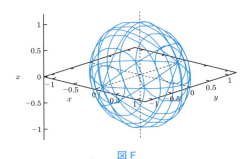

図 F

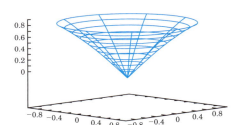

図 G

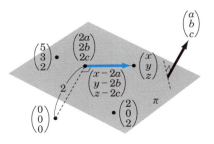

図 H　4.1.4 の図

4.2 節

4.2.1 (1) $z_x = -1$, $z_y = -1$　(2) $z_x = 2x$, $z_y = 2y$
(3) $z_x = 3x^2 + y$, $z_y = 3y^2 + x$
(4) $z_x = e^{x+y}(\cos(x - y) - \sin(x - y))$, $z_y = e^{x+y}(\cos(x - y) + \sin(x - y))$
(5) $z = \log|x| - \log|x^2 - y^2|$ より $z_x = \dfrac{1}{x} - \dfrac{2x}{x^2 - y^2} = -\dfrac{x^2 + y^2}{x(x^2 - y^2)}$. $z_y = $

$\dfrac{2y}{x^2-y^2}$.

(6) $z=(x^2+y^2)^{-\frac{3}{2}}$ と書き直してから微分すると $z_x=-\dfrac{3}{2}(2x)(x^2+y^2)^{-\frac{5}{2}}=-\dfrac{3x}{(x^2+y^2)^{\frac{5}{2}}}$ となる．z_y も同様にすれば $z_y=-\dfrac{3y}{(x^2+y^2)^{\frac{5}{2}}}$．

4.2.2 (1) $z_x=4x^3+4y$, $z_y=4y^3+4x$, $z_{xx}=12x^2$, $z_{xy}=z_{yx}=4$, $z_{yy}=12y^2$.

(2) $z_x=y(x+1)e^{x+y}$, $z_y=x(y+1)e^{x+y}$, $z_{xx}=y(x+2)e^{x+y}$, $z_{xy}=z_{yx}=(y+1)(x+1)e^{x+y}$, $z_{yy}=x(y+2)e^{x+y}$.

(3) $z_x=\dfrac{-y}{x\sqrt{x^2-y^2}}$, $z_y=\dfrac{1}{\sqrt{x^2-y^2}}$, $z_{xx}=\dfrac{y(2x^2-y^2)}{x^2(x^2-y^2)^{\frac{3}{2}}}$, $z_{xy}=z_{yx}=\dfrac{-x}{(x^2-y^2)^{\frac{3}{2}}}$, $z_{yy}=\dfrac{y}{(x^2-y^2)^{\frac{3}{2}}}$.

4.2.3 (1) $z_x=3x^2-3y^2$, $z_y=-6xy$ で $z_{xx}=6x$, $z_{yy}=-6x$ だから $z_{xx}+z_{yy}=0$ である．

(2) $z_x=-e^{-y}\sin x$, $z_y=-e^{-y}\cos x$ で $z_{xx}=-e^{-y}\cos x$, $z_{yy}=e^{-y}\cos x$ だから $z_{xx}+z_{yy}=0$ である．

(3) $z_x=-\sin x\sinh y+\cos x\cosh y$, $z_y=\cos x\cosh y+\sin x\sinh y$ で $z_{xx}=-\cos x\sinh y-\sin x\cosh y$, $z_{yy}=\cos x\sinh y+\sin x\cosh y$ だから $z_{xx}+z_{yy}=0$ である．

4.2.4 $z_x=P$, $z_y=Q$ となる関数 $z=z(x,y)$ が存在すると仮定すると，$z_{xy}=P_y=2y, z_{yx}=Q_x=y^2$ となって $z_{xy}\neq z_{yx}$ だから定理 4.3 に反する．よって，$z_x=P$, $z_y=Q$ となる関数 $z=z(x,y)$ は存在しない．

4.2.5 (1) y を定数として，$f(x)=h(x,y)$ を x のみの関数と考える．このとき $f(x)$ は $f_x(x,y)$（これも y は固定して x のみの関数と考える）の原始関数だから系 3.10 によって

$$\int_a^b f_x(x,y)\,dx=f(b,y)-f(a,y)$$

となる．

(2) (1) から

$$h(x,0)-h(0,0)=\int_0^x h_x(t,0)\,dt=\int_0^x (2t+3y)\,dt=x^2+3xy$$

となる．同様に
$$h(x,y) - h(x,0) = \int_0^y h_y(x,t)\,dt = \int_0^y (3x + 3t^2)\,dt = 3xy + y^3$$
も成り立つ．2式の両辺を加えると $h(0,0) = 1$ だから $h(x,y) = x^2 + 6xy + y^3 + 1$ となる．

4.3節

4.3.1 $z = \cos^2 t \sin t^5$ であり，$\dfrac{dz}{dt} = -2\sin t \cos t \sin t^5 + 5t^4 \cos^2 t \cos t^5$ である．

次に，$\dfrac{\partial z}{\partial x} = 2x\sin y$, $\dfrac{\partial z}{\partial y} = x^2 \cos y$, $\dfrac{dx}{dt} = -\sin t$, $\dfrac{dy}{dt} = 5t^4$ であるから，

$$\frac{\partial z}{\partial x}\frac{dx}{dt} + \frac{\partial z}{\partial y}\frac{dy}{dt} = 2x\sin y\,(-\sin t) + x^2 \cos y\,5t^4$$
$$= -2\sin t \cos t \sin t^5 + 5t^4 \cos^2 t \cos t^5$$

となり等しいことが確かめられる．

4.3.2 (1) $f(1,1) = 1, f_x(1,1) = 2, f_y(1,1) = 2$ だから接平面の方程式 (4.15) は $z - 1 = 2(x-1) + 2(y-1)$，すなわち $z = 2x + 2y - 3$ である．

(2) $f(1,1) = 2, f_x(1,1) = 3, f_y(1,1) = -1$ だから接平面の方程式 (4.15) は $z - 2 = 3(x-1) - (y-1)$，すなわち $z = 3x - y$ である．

4.3.3 (1) $dz (= $ または $df) = (3x^2 - 3y)\,dx + (3y^2 - 3x)\,dy$．

(2) $dz (= $ または $df) = (x + y + 1)\,e^{x-y}\,dx + (1 - x - y)\,e^{x-y}\,dy$．

4.3.4 $z = z(x,y)$, $x = x(u,v)$, $y = y(u,v)$ のとき $z = z(x(u,v), y(u,v))$ の u に関する偏導関数は v を定数とみなして u で微分して得られるから，(4.6) により

$$\frac{\partial z}{\partial u} = \frac{\partial z}{\partial x}\frac{\partial x}{\partial u} + \frac{\partial z}{\partial y}\frac{\partial y}{\partial u}$$

である．$\dfrac{\partial z}{\partial v} = \dfrac{\partial z}{\partial x}\dfrac{\partial x}{\partial v} + \dfrac{\partial z}{\partial y}\dfrac{\partial y}{\partial v}$ も同様である．

4.3.5 (1) z を v で偏微分すると，演習問題 4.3.4 より $z_v = x_v z_x + y_v z_y = -u\sin v\,z_x + u\cos v\,z_y = -(yz_x - xz_y) = 0$ となる．よって z は u だけの関数である．

(2) (1) と同様に，$z_u = x_u z_x + y_u z_y = \cos v\,z_x + \sin v\,z_y = (1/u)(xz_x + yz_y) = 0$ となるから z は v だけの関数である．

4.4節

4.4.1 (4.17), (4.18) を用いて

$$z(t) = z(0) + z'(0)t + \frac{1}{2!}z''(0)t^2 + \cdots$$
$$= z(x_0, y_0) + (az_x(x_0, y_0) + bz_y(x_0, y_0))t$$
$$+ (1/2!)(a^2 z_{xx}(x_0, y_0) + 2ab z_{xy}(x_0, y_0) + b^2 z_{yy}(x_0, y_0))t^2 + \cdots$$

となる.

4.4.2 (1) $z_x = 4x^3 - 4y$, $z_y = 4y^3 - 4x$.
(2) $z_{xx} = 12x^2$, $z_{xy} = -4$, $z_{yy} = 12y^2$.
(3) $H(x, y) = 144x^2 y^2 - 16$ である. $z_x = z_y = 0$ となるのは $x^3 = y$, $y^3 = x$ が成り立つときである. このとき $x^9 = y^3 = x$ となるから $x = 0$ または $x = \pm 1$ である. 定理 4.5 を用いて極値かどうかを判断する.

$x = 0$ のとき $y = 0$ である. $H(0, 0) = -16 < 0$ となるから $z(x, y)$ は, 点 $(0, 0)$ において極値をとらない.

$x = 1$ のとき $y = 1$ である. $H(1, 1) = 128 > 0$ となり, $z_{xx}(1, 1) = 12 > 0$ だから, $z(x, y)$ は, 点 $(1, 1)$ において極小値 -2 をとる.

$x = -1$ のとき $y = -1$ である. $H(-1, -1) = 128 > 0$ となり, $z_{xx}(-1, -1) = 12 > 0$ だから, $z(x, y)$ は, 点 $(-1, -1)$ において極小値 -2 をとる.

4.4.3 定理 4.5 を用いる.
(1) $f_x = 2x - y$, $f_y = -x + 2y - 3$ で $f_x = f_y = 0$ となるのは $(x, y) = (1, 2)$ のときだけである. $f_{xx} = 2$, $f_{xy} = -1$, $f_{yy} = 2$ で $H(1, 2) = 2 \cdot 2 - (-1)^2 = 3 > 0$, $f_{xx}(1, 2) = 2 > 0$ だから $f(x, y)$ は, 点 $(1, 2)$ において極小値 -3 をとる.
(2) $f_x = -3x^2 + 6y$, $f_y = 6x - 24y^2$ で $f_x = f_y = 0$ となるのは $(x, y) = (0, 0)$, $(1, 1/2)$ のいずれかのときである.

$f_{xx} = -6x$, $f_{xy} = 6$, $f_{yy} = -48y$ で $H(x, y) = 288xy - 36$ である. $(x, y) = (0, 0)$ のとき $H(0, 0) < 0$ だから, $f(x, y)$ は $(0, 0)$ において極値をとらない.

$(x, y) = (1, 1/2)$ のとき $H(1, 1/2) = 108 > 0$, $f_{xx}(1, 1/2) = -6 < 0$ だから, $f(x, y)$ は $(1, 1/2)$ において極大値 1 をとる.
(3) $f_x = 3x^2 y + y^3 - y = y(3x^2 + y^2 - 1)$, $f_y = x^3 + 3xy^2 - x = x(x^2 + 3y^2 - 1)$ である. $f_x = f_y = 0$ となるのは

(イ) $y = x = 0$, すなわち $(x, y) = (0, 0)$ のとき.

(ロ) $y = x^2 + 3y^2 - 1 = 0$, すなわち $(x, y) = (\pm 1, 0)$ のとき.

(ハ) $3x^2 + y^2 - 1 = x = 0$, すなわち $(x, y) = (0, \pm 1)$ のとき.

(ニ) $3x^2 + y^2 - 1 = x^2 + 3y^2 - 1 = 0$ のとき.このとき $x^2 = y^2 = 1/4$ となり $(x,y) = (\pm 1/2, \pm 1/2)$ である.

$f_{xx} = 6xy$, $f_{xy} = 3x^2 + 3y^2 - 1$, $f_{yy} = 6xy$ で $H(x,y) = 36x^2y^2 - (3x^2 + 3y^2 - 1)^2$ である.

(x,y) が $(0,0)$, $(0,\pm 1)$, $(\pm 1, 0)$ のいずれの場合も,$H(x,y) < 0$ となり,$f(x,y)$ は極値をとらない.

$(x,y) = (1/2, 1/2)$ または $(-1/2, -1/2)$ のとき,$H(x,y) = 9/4 - 1/4 > 0$ で $f_{xx}(x,y) > 0$ だから,$f(x,y)$ は極小値 $-1/8$ をとる.

$(x,y) = (1/2, -1/2)$ または $(-1/2, 1/2)$ のとき,$H(x,y) = 9/4 - 1/4 > 0$ で $f_{xx}(x,y) < 0$ だから,$f(x,y)$ は極大値 $1/8$ をとる.

(4) $f_x = 2x(2 - 2x^2 - y^2)e^{-x^2-y^2}$, $f_y = 2y(1 - 2x^2 - y^2)e^{-x^2-y^2}$ である.$f_x = f_y = 0$ となるのは $(x,y) = (0,0)$, $(0, \pm 1)$ または $(\pm 1, 0)$ である.

$$f_{xx} = 2(4x^4 + 2x^2y^2 - 10x^2 - y^2 + 2)e^{-x^2-y^2},$$
$$f_{xy} = 4xy(2x^2 + y^2 - 3)e^{-x^2-y^2},$$
$$f_{yy} = 2(4x^2y^2 + 2y^4 - 2x^2 - 5y^2 + 1)e^{-x^2-y^2}$$

である.

$(x,y) = (0,0)$ のとき.$f_{xx}(0,0) = 4$, $f_{xy}(0,0) = 0$, $f_{yy}(0,0) = 2$ だから $H(0,0) > 0$ である.$f(x,y)$ は $(x,y) = (0,0)$ において極小値 0 をとる.

$(x,y) = (0, \pm 1)$ のとき.$f_{xx}(0, \pm 1) = 2e^{-1}$, $f_{xy}(0, \pm 1) = 0$, $f_{yy}(0, \pm 1) = -4e^{-1}$ だから $H(0, \pm 1) < 0$ である.$f(x,y)$ は $(x,y) = (0, \pm 1)$ において極値をとらない.

$(x,y) = (\pm 1, 0)$ のとき.$f_{xx}(\pm 1, 0) = -8e^{-1}$, $f_{xy}(\pm 1, 0) = 0$, $f_{yy}(\pm 1, 0) = -2e^{-1}$ だから $H(\pm 1, 0) > 0$ である.$f(x,y)$ は $(x,y) = (\pm 1, 0)$ において極大値 $2e^{-1}$ をとる.

4.5節

4.5.1 (1) (i) $f_x(x,y) = 2x - y = 0$, $f_y(x,y) = -x + 2y = 0$ から $x = 0$, $y = 0$ を得るが,これは $f(x,y) = 0$ をみたさないから,特異点はない.(ii) $f_x(x,y) = 3x^2 - 6y = 0$, $f_y(x,y) = -6x + 24y^2 = 0$, $f(x,y) = 0$ から,特異点は $(0,0)$.

(2) 定理 4.6 を用いて計算する.(i) $\dfrac{dy}{dx} = -\dfrac{f_x}{f_y} = \dfrac{2x-y}{x-2y}$. (ii) $\dfrac{dy}{dx} = -\dfrac{f_x}{f_y} = \dfrac{x^2 - 2y}{2x - 8y^2}$.

（別解） y を x の関数と考え，$f(x,y) = 0$ の両辺を微分する．(i) $2x - y - xy' + 2yy' = 0$ より，$y' = \dfrac{2x - y}{x - 2y}$．(ii) $3x^2 - 6y - 6xy' + 24y'y^2 = 0$ より，$y' = \dfrac{x^2 - 2y}{2x - 8y^2}$．

(3) (i) $\dfrac{d^2y}{dx^2} = \dfrac{(2 - y')(x - 2y) - (2x - y)(1 - 2y')}{(x - 2y)^2} = \dfrac{6(x^2 - xy + y^2)}{(x - 2y)^3}$．

(ii) $\dfrac{d^2y}{dx^2} = \dfrac{(2x - 2y')(2x - 8y^2) - (x^2 - 2y)(2 - 16yy')}{(2x - 8y^2)^2}$

$= \dfrac{4y(x^4 - 7x^2y + 8x^2y^3 + x + 8y^3)}{(x - 4y^2)^3}$．

（別解） (2) の別解と同様で，$f(x,y) = 0$ の両辺を x で 2 回微分する．

(i) $2 - y' - y' - xy'' + 2(y')^2 + 2yy'' = 0$ より，$y'' = \dfrac{2 - 2y' + 2(y')^2}{x - 2y}$．

(ii) $6x - 6y' - 6y' - 6xy'' + 24y''y^2 + 48(y')^2 y = 0$ より，
$$y'' = \dfrac{x - 2y' + 8(y')^2 y}{x - 4y^2}.$$

4.5.2 $f_x(x,y) = 2x - 2y$，$f_y(x,y) = -2x + 4y$ より $f_x(1,1) = 0$，$f_y(1,1) = 2$．定理 4.6 から $x = 1$ での接線の傾きは $-\dfrac{0}{2} = 0$ である．(2.3) より接線の方程式は $y - 1 = 0(x - 1) \iff y = 1$．

4.5.3 (1) $f_x(x,y) = 2x - 4y = 0$，$f_y(x,y) = -4x + 2y = 0$ より $(x,y) = (0,0)$．この点は $f(x,y) = 0$ 上にないから特異点はない．

(2) 定理 4.6 より，$\dfrac{dy}{dx} = -\dfrac{f_x}{f_y} = \dfrac{x - 2y}{2x - y} = 0$ となり，$x = 2y$．これを $f(x,y) = 0$ に代入して，$(\pm 2, \pm 1)$（複号同順）を得る．

(3) $f(x,y) = 0$ の両辺を x で 2 回微分すると，$1 - 4y' - 2xy'' + (y')^2 + yy'' = 0$ となり，$y'' = \dfrac{1 - 4y' + (y')^2}{2x - y}$．$(2,1)$ では，$y' = 0$，$y'' = \dfrac{1}{3} > 0$ となり定理 2.24 (1) より極小となる．$(-2,-1)$ では，$y' = 0$，$y'' = -\dfrac{1}{3} < 0$ となり定理 2.24 (2) より極大となる．

4.5.4 曲線 $g(x,y) = 0$ に特異点はない．$1 + 2\lambda x = 0$，$2 + 2\lambda y = 0$ より，$x = -\dfrac{1}{2\lambda}$，$y = -\dfrac{1}{\lambda}$．$g(x,y) = 0$ に代入して，$\lambda = \pm\dfrac{\sqrt{5}}{2}$．これから，$(x,y) = $

$\left(\dfrac{1}{\sqrt{5}}, \dfrac{2}{\sqrt{5}}\right)$ で最大値 $\sqrt{5}$, $(x, y) = \left(-\dfrac{1}{\sqrt{5}}, -\dfrac{2}{\sqrt{5}}\right)$ で最小値 $-\sqrt{5}$.

第5章

5.1節

5.1.1 (1) 先に y について積分する累次積分に書き直すと，
$$\int_{-1}^{1}\left(\int_{0}^{2}(x^2+y^2)\,dy\right)dx = \int_{-1}^{1}\left[x^2y+\frac{1}{3}y^3\right]_{y=0}^{y=2}dx$$
$$= \int_{-1}^{1}\left(2x^2+\frac{8}{3}\right)dx$$
$$= \left[\frac{2}{3}x^3+\frac{8}{3}x\right]_{-1}^{1} = \frac{20}{3}.$$

(別解) 先に x について積分する累次積分に書き直すと，
$$\int_{0}^{2}\left(\int_{-1}^{1}(x^2+y^2)\,dx\right)dy = \int_{0}^{2}\left[\frac{1}{3}x^3+xy^2\right]_{x=-1}^{x=1}dy$$
$$= \int_{0}^{2}\left(\frac{2}{3}+2y^2\right)dy = \frac{20}{3}.$$

(2) 先に y について積分する累次積分に書き直すと，
$$\int_{1}^{2}\left(\int_{1}^{e}\frac{x}{y}\,dy\right)dx = \int_{1}^{2}\Big[x\log|y|\Big]_{y=1}^{y=e}dx = \int_{1}^{2} x\,dx = \left[\frac{1}{2}x^2\right]_{1}^{2} = \frac{3}{2}.$$

(別解) 先に x について積分する累次積分に書き直すと，
$$\int_{1}^{e}\left(\int_{1}^{2}\frac{x}{y}\,dx\right)dy = \int_{1}^{e}\left[\frac{1}{2y}x^2\right]_{1}^{2}dy = \int_{1}^{e}\frac{3}{2y}\,dy = \frac{3}{2}\Big[\log|y|\Big]_{1}^{e} = \frac{3}{2}.$$

(3) 先に y について積分する累次積分に書き直すと，
$$\int_{0}^{1}\left(\int_{0}^{1}e^x\sin(\pi y)\,dy\right)dx = \int_{0}^{1}\left[-\frac{1}{\pi}e^x\cos(\pi y)\right]_{y=0}^{y=1}dx$$
$$= \int_{0}^{1}\frac{2}{\pi}e^x\,dx$$
$$= \frac{2}{\pi}\Big[e^x\Big]_{0}^{1} = \frac{2}{\pi}(e-1).$$

（別解） 先に x について積分する累次積分に書き直すと，

$$\int_0^1 \left(\int_0^1 e^x \sin(\pi y)\, dx\right) dy = \int_0^1 (e-1)\sin(\pi y)\, dy$$
$$= (e-1)\left[-\frac{1}{\pi}\cos(\pi y)\right]_0^1$$
$$= \frac{2}{\pi}(e-1).$$

(4) 先に θ について積分する累次積分に書き直すと，

$$\int_0^1 \left(\int_0^{\pi/2} r^2\cos^2\theta\, d\theta\right) dr = \int_0^1 \left[r^2\left(\frac{\theta}{2}+\frac{\sin(2\theta)}{4}\right)\right]_{\theta=0}^{\theta=\pi/2} dr$$
$$= \int_0^1 \frac{\pi}{4}r^2\, dr = \frac{\pi}{4}\left[\frac{1}{3}r^3\right]_0^1 = \frac{\pi}{12}.$$

（別解） 先に r について積分する累次積分に書き直すと，

$$\int_0^{\pi/2}\left(\int_0^1 r^2\cos^2\theta\, dr\right) d\theta = \int_0^{\pi/2}\frac{1}{3}\cos^2\theta\, d\theta = \frac{1}{3}\left[\frac{1}{2}\theta+\frac{1}{4}\sin 2\theta\right]_0^{\pi/2} = \frac{\pi}{12}.$$

5.1.2 平面 $z=t$ ($0\leq t\leq h$) での錐の切り口を D' とし，D' の面積を $A(t)$ とおく．D' は底面 D に相似で，相似比は $h-t:h$，よって面積比は $A(t):S=(h-t)^2:h^2$ である．したがって $A(t)=\left(\dfrac{h-t}{h}\right)^2 S$ が成り立つ．錐の体積 V は，カヴァリエリの原理 (5.6) によって

$$V = \int_0^h A(t)\, dt = \frac{S}{h^2}\left[-\frac{1}{3}(h-t)^3\right]_0^h = \frac{1}{3}Sh$$

となる．

5.2 節

5.2.1 まず積分領域を図示して考えること (図 I 〜 図 K).

(1) 先に y について積分する累次積分に書き直して計算すれば，

$$\int_0^1\left(\int_0^{1-x}(x+y)\, dy\right) dx = \int_0^1\left[xy+\frac{1}{2}y^2\right]_{y=0}^{y=1-x} dx = \int_0^1 \frac{1}{2}(1-x^2)\, dx = \frac{1}{3}.$$

（別解） 先に x について積分する累次積分に書き直すと $\int_0^1\left(\int_0^{1-y}(x+y)\, dx\right) dy$ となる．積分の計算は，上の解答と同様である．

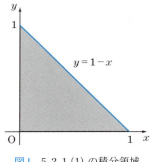

図 I　5.2.1 (1) の積分領域　　　図 J　5.2.1 (2) の積分領域

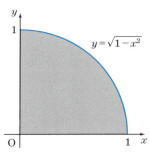

図 K　5.2.1 (3) の積分領域

(2)　x の範囲は明示的に与えられていないが，積分領域を図示すると $-1 \leq x \leq 1$ がわかる．先に y について積分する累次積分に書き直して計算すれば，

$$\int_{-1}^{1} \left(\int_{0}^{1-x^2} x^2 \, dy \right) dx = \int_{-1}^{1} \left[x^2 y \right]_{y=0}^{y=1-x^2} dx = \int_{-1}^{1} (x^2 - x^4) \, dx = \frac{4}{15}.$$

(別解)　先に x について積分する累次積分に書き直して計算すれば，

$$\int_{0}^{1} \left(\int_{-\sqrt{1-y}}^{\sqrt{1-y}} x^2 \, dx \right) dy = \int_{0}^{1} \frac{2}{3} (1-y)^{3/2} \, dy = \frac{4}{15}.$$

(3)　先に y について積分する累次積分に書き直して計算すれば，

$$\int_{0}^{1} \left(\int_{0}^{\sqrt{1-x^2}} 1 \, dy \right) dx = \int_{0}^{1} \sqrt{1-x^2} \, dx = \frac{\pi}{4}. \quad (定理 3.1 \, (13))$$

(別解) 先に x について積分する累次積分に書き直して計算すれば,
$$\int_0^1 \left(\int_0^{\sqrt{1-y^2}} 1\,dx\right)dy = \frac{\pi}{4}.$$

5.2.2 (1) 図 L の通り (2) $I = \int_0^1 \left(\int_0^y f(x,y)\,dx\right)dy$

5.2.3 積分領域は図 M の通りである. 図を参照して積分順序を交換してから計算すると,
$$\int_0^1 \left(\int_{\sqrt{y}}^1 e^{x^3}\,dx\right)dy = \int_0^1 \left(\int_0^{x^2} e^{x^3}\,dy\right)dx = \int_0^1 \left[ye^{x^3}\right]_{y=0}^{y=x^2} dx$$
$$= \int_0^1 x^2 e^{x^3}\,dx = \left[\frac{1}{3}e^{x^3}\right]_0^1 = \frac{1}{3}(e-1).$$

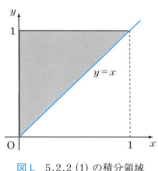

図 L　5.2.2 (1) の積分領域

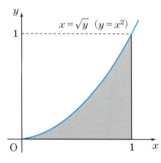

図 M　5.2.3 の積分領域

5.3 節

5.3.1 定理 5.6 の 2 重積分の変数変換を用いる. 求める 2 重積分を I とする. 極座標変換 $x = r\cos\theta$, $y = r\sin\theta$ のヤコビ行列式は r であった (例 5.2 を参照のこと).

(1)　$I = \iint_E r\sqrt{4-r^2}\,dr d\theta$, $E = \{(r,\theta)\,|\,0 \leq r \leq 1,\ 0 \leq \theta \leq 2\pi\}$ と変換される. 積分領域 E については, 積分領域 D を表す不等式に $x = r\cos\theta$, $y = r\sin\theta$ を代入することで $r^2 \leq 1$ が得られ, $r \geq 0$ とあわせて $0 \leq r \leq 1$ がわかる. また, θ に関して新たな条件は得られないから, $0 \leq \theta \leq 2\pi$ となる. さらに累次積分に直して計算すると,

$$I = \int_0^{2\pi}\left(\int_0^1 r\sqrt{4-r^2}\,dr\right)d\theta = \int_0^{2\pi}\left[-\frac{1}{3}(4-r^2)^{\frac{3}{2}}\right]_0^1 d\theta$$
$$= \frac{1}{3}(8-3\sqrt{3})\int_0^{2\pi}d\theta = \frac{2}{3}(8-3\sqrt{3})\pi.$$

(2) $I = \iint_E \dfrac{r}{(r^2)^3}\,drd\theta$, $E = \{(r,\theta)\,|\,1 \le r \le 2,\ 0 \le \theta \le 2\pi\}$ と変換される．積分領域 E については，積分領域 D を表す不等式に $x = r\cos\theta,\ y = r\sin\theta$ を代入することで $1 \le r^2 \le 4$ が得られ，これより r の範囲 $1 \le r \le 2$ がわかる．また θ に関して新たな条件は得られないから $0 \le \theta \le 2\pi$ となる．さらに累次積分に直して計算すると，

$$I = \int_0^{2\pi}\left(\int_1^2 r^{-5}\,dr\right)d\theta = \int_0^{2\pi}\frac{15}{64}\,d\theta = \frac{15}{32}\pi.$$

(3) $I = \iint_E re^{-r^2}\,drd\theta$, $E = \{(r,\theta)\,|\,0 \le r \le 3,\ 0 \le \theta \le \pi\}$ と変換される．積分領域 E については，積分領域 D を表す不等式に $x = r\cos\theta,\ y = r\sin\theta$ を代入すると $r^2 \le 9,\ r\sin\theta \ge 0$ が得られる．第 1 の不等式と $r \ge 0$ とをあわせて $0 \le r \le 3$ がわかる．また θ について $\sin\theta \ge 0$ より $0 \le \theta \le \pi$ となる．さらに累次積分に直して計算すると，

$$I = \int_0^{\pi}\left(\int_0^3 re^{-r^2}\,dr\right)d\theta = \int_0^{\pi}\left[-\frac{1}{2}e^{-r^2}\right]_0^3 d\theta$$
$$= \frac{1}{2}(1-e^{-9})\int_0^{\pi}d\theta$$
$$= \frac{\pi}{2}(1-e^{-9}).$$

(4) 積分領域は $D = \{(x,y)\,|\,x^2 + (y-1/2)^2 \le 1/4\}$ と変形できるから，中心 $\left(0,\dfrac{1}{2}\right)$，半径 $\dfrac{1}{2}$ の円およびその内部である．

$$I = \iint_E r^2\sin\theta\,drd\theta, \quad E = \{(r,\theta)\,|\,0 \le r \le \sin\theta,\ 0 \le \theta \le \pi\}$$

と変換される．積分領域 E は，D を表す不等式に極座標変換の式を代入して得られる不等式 $r^2 \le r\sin\theta$ と $r \ge 0$ から導かれる．さらに累次積分に直して計算すると，

$$I = \int_0^\pi \left(\int_0^{\sin\theta} r^2 \sin\theta \, dr \right) d\theta = \int_0^\pi \sin\theta \left[\frac{1}{3} r^3 \right]_0^{\sin\theta} d\theta$$

$$= \frac{1}{3} \int_0^\pi \sin^4 \theta \, d\theta = \frac{\pi}{8}. \quad \text{(定理 3.15)}$$

5.3.2 定理 5.6 の 2 重積分の変数変換を用いる.

(1) $J = \begin{vmatrix} (r\cos\theta)_r & (r\cos\theta)_\theta \\ (3r\sin\theta)_r & (3r\sin\theta)_\theta \end{vmatrix} = \begin{vmatrix} \cos\theta & -r\sin\theta \\ 3\sin\theta & 3r\cos\theta \end{vmatrix} = 3r$ である．また，積分領域を表す不等式 $9x^2 + y^2 \leq 9$ に変数変換を施すと $9(r\cos\theta)^2 + (3r\sin\theta)^2 \leq 9$, すなわち $r^2 \leq 1$ が得られるから，積分領域は $E = \{(r,\theta) \mid 0 \leq r \leq 1,\ 0 \leq \theta \leq 2\pi\}$ が対応する．よって

$$I = \iint_E 3r\sqrt{16-9r^2} \, drd\theta = 3 \int_0^{2\pi} \left(\int_0^1 r\sqrt{16-9r^2} \, dr \right) d\theta$$

$$= 3 \int_0^{2\pi} \left[-\frac{1}{27}(16-9r^2)^{\frac{3}{2}} \right]_0^1 d\theta = -\frac{1}{9}(7\sqrt{7} - 4^3) \int_0^{2\pi} d\theta$$

$$= \frac{2}{9}(64 - 7\sqrt{7})\pi.$$

(2) $x = \dfrac{u+v}{2},\ y = \dfrac{u-v}{2}$ であるから

$$J = \begin{vmatrix} \left(\dfrac{u+v}{2}\right)_u & \left(\dfrac{u+v}{2}\right)_v \\ \left(\dfrac{u-v}{2}\right)_u & \left(\dfrac{u-v}{2}\right)_v \end{vmatrix} = \begin{vmatrix} \dfrac{1}{2} & \dfrac{1}{2} \\ \dfrac{1}{2} & \dfrac{-1}{2} \end{vmatrix} = -\frac{1}{2}$$

である．また積分領域は $E = \{(r,\theta) \mid 0 \leq u \leq 1,\ 0 \leq v \leq 1\}$ が対応する．よって

$$I = \iint_E ue^v \left| \frac{-1}{2} \right| dudv = \frac{1}{2} \int_0^1 \left(\int_0^1 ue^v \, du \right) dv = \frac{1}{2} \int_0^1 \left[\frac{u^2}{2} e^v \right]_{u=0}^{u=1} dv$$

$$= \frac{1}{2} \int_0^1 \frac{1}{2} e^v \, dv = \frac{1}{4} \left[e^v \right]_0^1 = \frac{1}{4}(e-1).$$

変数変換の際，ヤコビ行列式の絶対値を用いることに注意.

5.4 節

5.4.1 定理 5.8 を用いる．$y' = 2x$ であるから，$L = \int_0^1 \sqrt{1 + (y')^2} \, dx =$

$\int_0^1 \sqrt{1+(2x)^2}\,dx$ となる．定積分を計算するために $2x = t$ とおいて置換積分を行い，さらに定理 3.1 (14) を用いると，

$$L = \int_0^2 \sqrt{1+t^2} \cdot \frac{1}{2}\,dt = \frac{1}{2}\left[\frac{1}{2}\{t\sqrt{1+t^2} + \log(t+\sqrt{1+t^2})\}\right]_0^2$$
$$= \frac{1}{4}(2\sqrt{5} + \log(2+\sqrt{5})).$$

5.4.2 定理 5.9 を用いる．$x' = -3\sin t \cos^2 t,\ y' = 3\sin^2 t \cos t$ であるから，

$$L = \int_0^{2\pi} \sqrt{(x')^2 + (y')^2}\,dt = \int_0^{2\pi} \sqrt{9\sin^2 t \cos^2 t\,(\sin^2 t + \cos^2 t)}\,dt$$
$$= 3\int_0^{2\pi} \sqrt{\frac{1}{4}\sin^2 2t}\,dt = \frac{3}{2}\int_0^{2\pi} |\sin 2t|\,dt = 6\int_0^{\pi/2} |\sin 2t|\,dt = 6.$$

✓**注意** x 軸および y 軸に関する対称性から $L = 4\int_0^{\pi/2}\sqrt{(x')^2+(y')^2}\,dt$ として計算してもよい．

5.4.3 定理 5.10 を用いる．$r' = -\sin\theta$ であるから，

$$L = \int_0^{2\pi} \sqrt{r^2 + (r')^2}\,d\theta = \int_0^{2\pi} \sqrt{(1+\cos\theta)^2 + (-\sin\theta)^2}\,d\theta$$
$$= \int_0^{2\pi} \sqrt{2+2\cos\theta}\,d\theta = \int_0^{2\pi} \sqrt{4\cos^2\frac{\theta}{2}}\,d\theta = 2\int_0^{2\pi} \left|\cos\frac{\theta}{2}\right|d\theta$$
$$= 2\int_0^{\pi} \cos\frac{\theta}{2}\,d\theta + 2\int_{\pi}^{2\pi} \left(-\cos\frac{\theta}{2}\right)d\theta = 8.$$

✓**注意** x 軸に関する対称性から $L = 2\int_0^{\pi}\sqrt{r^2+(r')^2}\,d\theta$ として計算してもよい．

5.4.4 $x = r\cos\theta,\ y = r\sin\theta$ を代入して整理すればよい．

(1) 極座標変換の式を代入すると $r\cos\theta + \sqrt{3}\,r\sin\theta = 4$，左辺に三角関数の合成公式を用いて $2r\cos\left(\theta - \dfrac{\pi}{3}\right) = 4$，すなわち $r\cos\left(\theta - \dfrac{\pi}{3}\right) = 2$．

(2) 極座標変換の式を代入すると $r^2 - 2r\cos\theta = 0$，すなわち $r = 2\cos\theta$．

5.5節

5.5.1 楕円は $x = a\cos t,\ y = b\sin t\ (0 \leq t \leq 2\pi)$ と媒介変数表示できる．$\dfrac{dx}{dt} = -a\sin t$ であるから，定理 5.12 より

$$S = -\int_0^{2\pi} y(t)\frac{dx}{dt}\,dt = -\int_0^{2\pi}(-ab\sin^2 t)\,dt = ab\int_0^{2\pi}\frac{1-\cos 2t}{2}\,dt$$
$$= ab\left[\frac{t}{2} - \frac{\sin 2t}{4}\right]_0^{2\pi} = \pi ab.$$

5.5.2 定理 5.14 を用いる．
$$S = \frac{1}{2}\int_0^{2\pi} r^2\,d\theta = \frac{1}{2}\int_0^{2\pi}(1+\cos\theta)^2\,d\theta$$
$$= \frac{1}{2}\int_0^{2\pi}\left(1 + 2\cos\theta + \frac{1+\cos 2\theta}{2}\right)d\theta$$
$$= \frac{1}{2}\left[\frac{3\theta}{2} + 2\sin\theta + \frac{\sin 2\theta}{4}\right]_0^{2\pi} = \frac{3\pi}{2}.$$

✓ **注意** x 軸に関する対称性から $S = 2\cdot\frac{1}{2}\int_0^{\pi} r^2\,d\theta$ として計算してもよい．

5.5.3 閉曲線 $C: x = x(t),\ y = y(t),\ \alpha \le t \le \beta$ が囲む図形 D の面積 S は，定理 5.12 より
$$S = -\int_\alpha^\beta y(t)\frac{dx}{dt}\,dt, \quad S = \int_\alpha^\beta x(t)\frac{dy}{dt}\,dt$$

で与えられる．この 2 式を辺々加えて 2 で割ると
$$S = \frac{1}{2}\left(-\int_\alpha^\beta y(t)\frac{dx}{dt}\,dt + \int_\alpha^\beta x(t)\frac{dy}{dt}\,dt\right)$$

が導かれる．一方，定理 5.13 より $S = \iint_D dxdy$ である．よって問題の等式を得る．

5.5.4 $x = r\cos\theta,\ y = r\sin\theta$ を代入すると $r^4 = 2r^2(\cos^2\theta - \sin^2\theta) = 2r^2\cos 2\theta$，すなわち $r^2 = 2\cos 2\theta$ である．

5.6 節

5.6.1 定理 5.15 を用いる．
(1) D 上で常に $g(x,y) - f(x,y) \ge 0$ が成り立つから，
$$\int_0^1\int_0^1\{-(x+y)+5-(x+y)\}\,dxdy = \int_0^1\left[-x^2 - 2xy + 5x\right]_{x=0}^{x=1}dy$$
$$= \int_0^1(-2y+4)\,dy = 3.$$

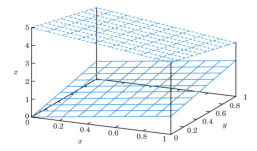

図 N　5.6.1 (1) のグラフ．実線は $z = x + y$，破線は $z = -(x + y) + 5$ のグラフ

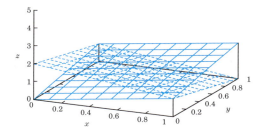

図 O　5.6.1 (2) のグラフ．実線は $z = x + y$，破線は $z = -(x + y) + 2$ のグラフ

(2)　$g(x, y) - f(x, y) \geq 0 \iff 1 \geq x + y \iff 1 - y \geq x$ より，$0 \leq x \leq 1 - y$, $0 \leq y \leq 1$ 上では $g(x, y) \geq f(x, y)$ であり，$1 - y \leq x \leq 1$, $0 \leq y \leq 1$ 上では $g(x, y) \leq f(x, y)$ である．したがって，

$$\int_0^1 \int_0^{1-y} \{-(x+y) + 2 - (x+y)\} dx dy$$
$$+ \int_0^1 \int_{1-y}^1 \{x + y - (-(x+y) + 2)\} dx dy$$
$$= \int_0^1 \left[-x^2 - 2xy + 2x\right]_{x=0}^{x=1-y} dy + \int_0^1 \left[x^2 + 2xy - 2x\right]_{x=1-y}^{x=1} dy$$
$$= \int_0^1 (y^2 - 2y + 1) dy + \int_0^1 y^2 dy = \frac{2}{3}.$$

5.6.2　(1)　与えられた立体は，不等式 $x \geq 0$, $y \geq 0$, $x \leq 1 - y^2$ が表す xy 平

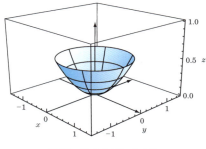

図 P　5.6.2 (1) の立体

面の有界閉領域 D 上の柱の，平面 $z = 0$ および曲面 $z = 1 - x^2$ で囲まれる部分である．求める体積は，定理 5.15 より

$$V = \iint_D (1 - x^2)\, dxdy, \quad D = \{(x, y)\,|\, 0 \leq y \leq 1,\ 0 \leq x \leq 1 - y^2\}$$

で表される．累次積分に書き直して計算すると

$$V = \int_0^1 \left\{ \int_0^{1-y^2} (1 - x^2)\, dx \right\} dy = \frac{18}{35}$$

となる (図 P)．

(2)　$x \geq 0,\ y \geq 0,\ z \geq 0$ の部分の体積の 4 倍となり，また球面の $z \geq 0$ の部分は $z = \sqrt{4 - x^2 - y^2}$ と表せるから，求める体積は

$$V = 4 \iint_D \sqrt{4 - x^2 - y^2}\, dxdy, \quad D = \{(x, y)\,|\, x^2 + y^2 \leq 2x,\ y \geq 0\}$$

と表せる．計算のために極座標変換 (定理 5.6) を施すと

$$V = 4 \iint_E r\sqrt{4 - r^2}\, drd\theta, \quad E = \left\{(r, \theta)\,\middle|\, 0 \leq r \leq 2\cos\theta,\ 0 \leq \theta \leq \frac{\pi}{2}\right\}$$

となり，$V = \dfrac{16}{3}\left(\pi - \dfrac{4}{3}\right)$ である (図 Q, 図 R)．

5.6.3　それぞれの曲面を描くと図 S ～ 図 U の通り．
(1)　定理 5.16 を用いる．$z_x = x,\ z_y = y$ より

$$S = \iint_D \sqrt{1 + x^2 + y^2}\, dxdy, \quad D = \{(x, y)\,|\, x^2 + y^2 \leq 1\}$$

である．計算のために極座標変換 (定理 5.6) を施すと

演習問題の解答 ● 211

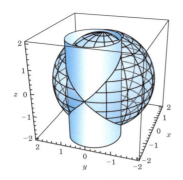

図 Q　5.6.2 (2) の立体について，球と直円柱との共通部分を切り出す様子

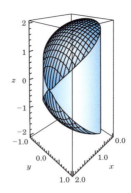

図 R　5.6.2 (2) の立体

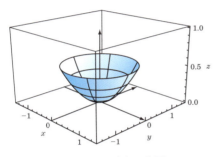

図 S　5.6.3 (1) の曲面

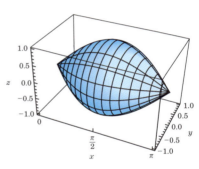

図 T　5.6.3 (2) の曲面

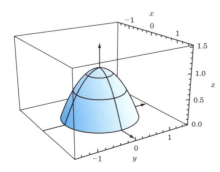

図 U　5.6.3 (3) の曲面

$$S = \iint_E r\sqrt{1+r^2}\,drd\theta, \quad E = \{(r,\theta)\,|\,0 \leq r \leq 1,\ 0 \leq \theta \leq 2\pi\}$$

と変換される．これを計算して

$$S = 2\pi \int_0^1 r\sqrt{1+r^2}\,dr = \frac{2\pi}{3}(2\sqrt{2}-1).$$

(2) 定理 5.17 を用いる．$y = \sin x \geq 0$ であり，$y' = \cos x$ より

$$S = 2\pi \int_0^\pi \sin x \sqrt{1+\cos^2 x}\,dx$$

である．$\cos x = t$ とおいて置換積分を行うと，$\sin x\,dx = -dt$ であるから

$$S = 2\pi \int_1^{-1} \sqrt{1+t^2}\,(-1)dt = 2\pi \int_{-1}^1 \sqrt{1+t^2}\,dt$$
$$= 4\pi \int_0^1 \sqrt{1+t^2}\,dt = 2\pi\{\sqrt{2}+\log(\sqrt{2}+1)\}.$$

(3) 定理 5.16 を用いる．積分領域を把握するために図を描くと，xy 平面での切り口は，円 $x^2+y^2=1$ であり，積分領域は $D = \{(x,y)\,|\,x^2+y^2 \leq 1\}$ とわかる．$z_x = -2x,\ z_y = -2y$ だから

$$S = \iint_D \sqrt{1+4x^2+4y^2}\,dxdy, \quad D = \{(x,y)\,|\,x^2+y^2 \leq 1\}$$

となる．さらに極座標変換 (定理 5.6) により

$$S = \iint_E r\sqrt{1+4r^2}\,drd\theta, \quad E = \{(r,\theta)\,|\,0 \leq r \leq 1,\ 0 \leq \theta \leq 2\pi\}$$

と変換される．これを計算して $S = \dfrac{\pi}{6}(5\sqrt{5}-1)$.

索　引

あ
アークコサイン　28
アークサイン　27
アークタンジェント　28

い
陰関数　121, 122

う
上に凸　57
上に有界　2

え
エピサイクロイド　171

お
オイラーの公式　53, 54

か
開円板　97
開区間　1
開集合　98
回転体　161
回転面　102, 161
カヴァリエリの原理　131
ガウス積分　144
カージオイド　34
関数　8
ガンマ関数　94

き
軌跡　169
　　── の方程式　169
逆関数　25
逆三角関数　27, 28
境界点　98
極限値　3, 9
　　不定形の ──　40
極小　37
極小値　37, 104
曲線　
　　── の方程式　166
極大　36
極大値　36, 104
極値　36, 37, 104
極方程式　150
曲面　101
曲面積　160

く
区間　1
区分求積法　77

け
原始関数　64

こ
合成関数　13
勾配ベクトル場　127

コーシーの平均値の定理　40

さ
サイクロイド　170
最小値　12
最大値　12
3 回微分可能　43

し
C^n 級関数　43
自然対数の底　4
下に凸　57
下に有界　2
収束する　3, 91, 93
従属変数　8
剰余項　44, 46

す
錐　133

せ
正の向きの単純閉曲線　154
正の無限大に発散する　9
積分可能　90, 92
積分曲線　127
積分順序の変更　136
積分定数　64
積分する　65
積分不可能　90, 93

積分法の平均値の定理　79
積分領域　129
接線　19
接平面　114
漸近線　168
線積分　164
全微分　115

そ

双曲線関数　31
増減表　59, 61

た

第 n 次導関数　43
第 n 次偏導関数　107
第 3 次導関数　43
第 3 次偏導関数　107
対数微分法　32
第 2 次導関数　43
第 2 次偏導関数　107
単純閉曲線　154
　　正の向きの――　154
　　負の向きの――　154
単調関数　14
単調減少　14
単調減少数列　2
単調数列　2
単調増加　14
単調増加数列　2
単調非減少　14
単調非減少数列　2
単調非増加　14
単調非増加数列　2

ち

値域　8
置換積分法
　　定積分の――　82
　　不定積分の――　67

中間値の定理　12
調和関数　109

て

定義域　8
定積分　76, 90, 93
　　――の置換積分法　82
　　――の部分積分法　83
定積分する　77
テイラー級数展開　51, 53
テイラーの定理　43, 44
デルタ　105

と

導関数　17
　　第 n 次――　43
特異点　123
独立変数　8

な

内点　97

に

2 回微分可能　43
二項係数　46
二項定理　7
二項展開　62, 63
2 重積分　128, 129
ニュートンの冷却法則　96

ね

ネピア数　4

は

媒介変数表示　33
ハイパボリックコサイン　31
ハイパボリックサイン　31

ハイパボリックタンジェント　31
ハイポサイクロイド　171
はさみうちの原理　4, 9
発散する　3, 91, 93
　　正の無限大に――　9
　　負の無限大に――　9

ひ

被積分関数　64, 129
微分可能　17
　　n 回――　43
微分係数　17
微分する　17
微分積分学の基本定理　80
微分方程式　96
　　変数分離形――　96

ふ

不定形の極限値　40
不定積分　64
　　――の置換積分法　67
　　――の部分積分法　69
負の向きの単純閉曲線　154
負の無限大　1
負の無限大に発散する　9
部分積分法
　　定積分の――　83
　　不定積分の――　69
部分分数分解　72

へ

閉曲線　154
平均値の定理　36, 38
　　コーシーの――　40
　　積分法の――　79
閉区間　1
閉集合　98

閉領域　98
べき級数　51
ベクトル場　127
ヘシアン　118
ヘッセ行列式　118
変曲点　60
変数分離形微分方程式　96
偏導関数　105
　　第 n 次 ——　107
偏微分可能　104
偏微分係数　103, 104
偏微分する　105

ほ

方程式
　　軌跡の ——　169
　　曲線の ——　166

ま

マクローリン級数　52
マクローリン級数展開　52
マクローリンの定理　46

む

無限大　1
　　負の ——　1

や

ヤコビ行列式　141

ゆ

有界　2
　　—— な区間　2
　　上に ——　2
　　下に ——　2
有界集合　98
有界数列　2
有理関数　71

ら

ライプニッツの公式　47

ラウンド　105
ラウンドディー　105
ラグランジュの未定乗数法　124

り

領域　98

る

累次積分　131

れ

レムニスケート　169
連結　98
連続　11, 100

ろ

ロピタルの定理　40, 41
ロルの定理　39

著者略歴

礒島　伸（いそじま　しん）
東京大学教養学部基礎科学科卒業．東京大学大学院数理科学研究科修了．
現在，法政大学准教授．博士（数理科学）．

桂　利行（かつら　としゆき）
東京大学理学部数学科卒業．東京大学大学院理学系研究科中退．現在，法
政大学教授・東京大学名誉教授．理学博士．

間下　克哉（ましも　かつや）
東京教育大学理学部数学科卒業．筑波大学大学院数学研究科中退．現在，
法政大学教授．理学博士．

安田　和弘（やすだ　かずひろ）
京都大学理学部卒業．大阪大学大学院基礎工学研究科修了．現在，法政大
学准教授．博士（理学）．

コア講義　微分積分		
	2016 年 9 月 25 日	第 1 版 1 刷発行
	2020 年 3 月 5 日	第 2 版 1 刷発行
	2024 年 3 月 5 日	第 2 版 3 刷発行

検印省略

定価はカバーに表示してあります．

著　者　　礒島　伸　　桂　利行
　　　　　間下克哉　　安田和弘

発行者　　　　吉野和浩

発行所　　東京都千代田区四番町 8-1
　　　　　電話　　03-3262-9166（代）
　　　　　郵便番号　102-0081
　　　　　株式会社　裳　華　房

印刷所　　三報社印刷株式会社
製本所　　牧製本印刷株式会社

一般社団法人
自然科学書協会会員

JCOPY〈出版者著作権管理機構　委託出版物〉
本書の無断複製は著作権法上での例外を除き禁じられています．複製される場合は，そのつど事前に，出版者著作権管理機構（電話03-5244-5088，FAX 03-5244-5089, e-mail: info@jcopy.or.jp）の許諾を得てください．

ISBN 978-4-7853-1569-6

Ⓒ 礒島伸，桂利行，間下克哉，安田和弘，2016　　Printed in Japan

大学初年級でマスターしたい 物理と工学の ベーシック数学

河辺哲次 著　Ａ５判／284頁／定価 2970円（税込）

　大学の理工系学部で主に物理と工学分野の学習に必要な基礎数学の中で，特に1，2年生のうちに，ぜひマスターしておいてほしいものを扱った．項目としては，高等学校で学ぶ数学の中で，物理や工学分野の数学ツールとして活用できるものを厳選し，大学で学ぶ数学との関連を重視しながら，具体的な問題に数学ツールを適用する方法が直観的にわかるように図や例題を豊富に取り入れた．

【目次】1．高等学校で学んだ数学の復習 －活用できるツールは何でも使おう－　2．ベクトル －現象をデッサンするツール－　3．微分 －ローカルな変化をみる顕微鏡－　4．積分 －グローバルな情報をみる望遠鏡－　5．微分方程式 －数学モデルをつくるツール－　6．２階常微分方程式 －振動現象を表現するツール－　7．偏微分方程式 －時空現象を表現するツール－　8．行列 －情報を整理・分析するツール－　9．ベクトル解析 －ベクトル場の現象を解析するツール－　10．フーリエ級数・フーリエ積分・フーリエ変換 －周期的な現象を分析するツール－

力学・電磁気学・熱力学のための 基礎数学

松下 貢 著　Ａ５判／242頁／定価 2640円（税込）

　基礎物理学に共通する道具としての数学を一冊にまとめ，豊富な問題と共に，直観的な理解を目指して懇切丁寧に解説．取り上げた題材には，通常の「物理数学」の書籍では省かれることの多い微分と積分，行列と行列式も含めた．すべての道具には使用する対象と使用目的があるように，道具としての数学にも使用の動機がある．本書を読めば，初年級で学ぶ「物理学」がスムーズに理解できるであろう．

【目次】1．微分　2．積分　3．微分方程式　4．関数の微小変化と偏微分　5．ベクトルとその性質　6．スカラー場とベクトル場　7．ベクトル場の積分定理　8．行列と行列式
【担当編集者より】
「力学」で微分方程式が解けず，勉強に力が入らない．「電磁気学」でベクトル解析がわからず，ショックだ．「熱力学」で偏微分に悩み，熱が出た．…そんな悩める貴方の，頼もしい味方になってくれる一冊です．

基礎 解析学（改訂版）

矢野健太郎・石原　繁 共著　Ａ５判／290頁／定価 2530円（税込）

　「微分方程式」「ベクトル解析」「複素変数の関数」「フーリエ級数・ラプラス変換」の４分野をバランス良く一冊にまとめた．1993年発行の改訂版では，初学者がなじみやすいように図版の追加・改良を行った．本書で扱う４分科を加筆・充実して各半期用にまとめ直した**分冊版**（「**基礎解析学コース**」；下記参照）もある．

【目次】**第１部 微分方程式**（微分方程式／１階微分方程式／線形微分方程式）
第２部 ベクトル解析（ベクトルの代数／ベクトルの微分と積分／ベクトル場／積分公式）　**第３部 複素変数の関数**（複素変数の関数／正則関数／積分／展開・留数・等角写像）
第４部 フーリエ級数・ラプラス変換（フーリエ級数／ラプラス変換／フーリエ積分）

基礎解析学コース 微分方程式

矢野健太郎・石原　繁 共著　定価 1540円（税込）
連立微分方程式の充実とべき級数による解法の章を新設し，ルジャンドルの多項式とベッセル関数の紹介を加えた．

基礎解析学コース 複素解析

矢野健太郎・石原　繁 共著　定価 1540円（税込）
留数の応用として実定積分の計算法の節を新たに設けるとともに，応用上重要な等角写像の実例をいくつか追加した．

基礎解析学コース ベクトル解析

矢野健太郎・石原　繁 共著　定価 1540円（税込）
応用上重要なベクトル場の解説を丁寧にし，積分公式の応用の節を新設して，流線や流管などにもふれた．

基礎解析学コース 応用解析

矢野健太郎・石原　繁 共著　定価 1540円（税込）
フーリエ級数では例を充実させ，その部分和のグラフを掲載．定数係数線形微分方程式への応用や偏微分方程式への応用例なども充実させた．

裳華房ホームページ　https://www.shokabo.co.jp/